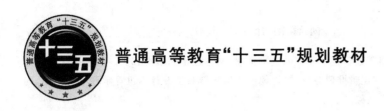普通高等教育"十三五"规划教材

离散数学

江 雪 帅天平 仝 辉 主编

U0290913

北京邮电大学出版社
www.buptpress.com

内 容 简 介

离散数学这门课程主要介绍离散数学各个分支的基本概念、基本理论和基本方法。通过该课程的训练,可以提升学生的抽象思维能力和逻辑推理能力,并让他们了解离散数学在计算机等学科中的作用,为以后从事相关工作和研究打下坚实基础。

本书较为系统地介绍了计算机科学与技术等相关专业所必需的离散数学知识,全书共 9 章。第 1 章介绍集合与逻辑;第 2 章介绍二元关系与函数;第 3 章介绍算法;第 4 章介绍密码与数论;第 5 章介绍计数;第 6 章介绍归纳法与递推关系;第 7 章介绍图论;第 8 章介绍特殊的图——树;第 9 章介绍网络流与匹配。各章之后配有适当难度的习题,便于学生课后练习。

本书可以作为高等院校计算机科学与技术、软件工程、通信工程等相关专业的教材,也可以作为考研学生及计算机工作者的参考书。

图书在版编目(CIP)数据

离散数学 / 江雪,帅天平,仝辉主编. -- 北京 : 北京邮电大学出版社,2019.6
ISBN 978-7-5635-5730-1

Ⅰ. ①离… Ⅱ. ①江…②帅…③仝… Ⅲ. ①离散数学-高等学校-教材 Ⅳ. ①O158

中国版本图书馆 CIP 数据核字(2019)第 103423 号

书　　　名:离散数学
作　　　者:江　雪　帅天平　仝　辉
责任编辑:刘　颖
出版发行:北京邮电大学出版社
社　　　址:北京市海淀区西土城路 10 号(邮编:100876)
发 行 部:电话:010-62282185　传真:010-62283578
E-mail:publish@bupt.edu.cn
经　　　销:各地新华书店
印　　　刷:保定市中画美凯印刷有限公司
开　　　本:787 mm×1 092 mm　1/16
印　　　张:11.75
字　　　数:283 千字
版　　　次:2019 年 6 月第 1 版　2019 年 6 月第 1 次印刷

ISBN 978-7-5635-5730-1　　　　　　　　　　　　　　　　定价:29.00 元

· 如有印装质量问题,请与北京邮电大学出版社发行部联系 ·

前　　言

　　20 世纪 70 年代初期,随着计算机科学的发展,逐步建立了离散数学这一门新兴的工具性学科。离散数学以研究离散量的结构和相互间的关系为主要目标,其研究对象一般是有限个或可数个元素,因此它充分描述了计算机科学离散性的特点。近年来,计算机科学与技术飞速发展,对人类社会的各个领域产生着日益广泛和深入的影响。离散数学,作为计算机科学与技术的数学基础,更加显示出其重要性。离散数学不仅是计算机科学基础理论的核心课程,也是人工智能的数学基础之一。离散数学这门课程与计算机科学中的数据结构、操作系统、编译理论、数据库、算法的分析与设计、人工智能、计算机网络、算法分析、电路分析与逻辑设计等理论课程联系紧密,是这些课程的先修课程。通过离散数学课程的学习,不但可以掌握处理离散结构的描述工具和方法,为后续课程的学习创造条件,而且可以提高抽象思维和逻辑推理能力,为将来参与创新性的研究和开发工作打下坚实的基础。

　　本书是编者在给北京邮电大学的本科生讲授“离散数学”和“离散计算技术”课程的基础上,根据工科学生特别是计算科学与技术专业学生的特点,借鉴其他教材的长处和国外教材的特色编写而成。内容包括了离散数学中比较基础的部分,主要包括:数理逻辑、集合论、图论初步。①数理逻辑是逻辑学的一个核心内容,它是研究思维形式及思维规律的基础,是研究推理规律的科学。数理逻辑是用数学方法,即引入符号体系,来表达和研究推理的规律。②集合论的起源可以追溯到 19 世纪末期,德国数学家康托尔发表了一篇关于无穷集合论的文章,奠定了集合论的基础。集合不仅可以用来表示数及其运算,更可以用于非数值信息的表示和处理。集合论在程序语言、数据结构、编译原理、数据库与知识库、形式语言和人工智能等领域中得到了广泛的应用。③图论是离散数学的重要组成部分,是近代应用数学的重要分支。1736 年瑞士数学家欧拉发表了图论的首篇论文——《哥尼斯堡七桥问题无解》,标志着图论的诞生。作为描述事务之间关系的手段和工具,图论在许多领域,如计算机科学、物理学、化学、运筹学、信息论、控制论、网络通信、社会科学以及经济管理、军事、国防、工农业生产等领域,都得到广泛的应用。另外,在众多应用中,图论自身也得到了迅猛发展。

全书共 9 章。第 1 章是集合与逻辑;第 2 章是二元关系与函数;第 3 章是算法;第 4 章是密码与数论;第 5 章是计数;第 6 章是归纳法与递推关系;第 7 章是图论;第 8 章是树;第 9 章是网络流与匹配。第 1~3 章由江雪编写,第 4 章由全辉编写,第 6 章由全辉和帅天平共同编写,第 5 章和第 7~9 章由帅天平编写。全书由江雪整理并统稿。

本书主要内容在北京邮电大学多次讲授,反复修改,但由于水平所限,加之时间仓促,书中难免有不妥或错误之处,恳请读者批评指正。

作　者
2018 年 10 月

目　　录

第1章

集合与逻辑

第1章从集合讲起,集合是一些对象不计顺序的汇集。离散数学研究诸如图和布尔代数等对象。本章介绍集合的术语和记号。逻辑是研究推理的科学,关心的是推理是否正确,也就是说关心的是语句之间的关系而不是语句本身的内容。逻辑是阅读和推导证明的基础。

1.1 集　合

集合在数学领域具有无可比拟的特殊重要性。集合论的基础是由德国数学家康托尔在19世纪70年代奠定的,经过一大批卓越的科学家半个世纪的努力,到20世纪20年代已确立了其在现代数学理论体系中的基础地位,可以说,现代数学各个分支的几乎所有成果都构筑在严格的集合理论上。

集合是指具有某种特定性质的具体的或抽象的对象汇总成的全体,这些对象称为该集合的元素。例如,26个英文字母的集合;52张扑克牌的集合;坐标平面上点的集合等。

若 x 是集合 A 的元素,则称 x 属于集合 A,记作 $x \in A$。若 x 不是集合 B 的元素,则称 x 不属于集合 B,记作 $x \notin B$。例如,

$$A = \{x, \{y,z\}, y, \{\{z\}\}\}$$

这里,$x \in A$,$\{y,z\} \in A$,$y \in A$,$\{\{z\}\} \in A$,但 $z \notin A$,$\{z\} \notin A$。要注意 $\{\{z\}\}$ 是 A 的元素,而 z 不是 A 的元素。

集合有三种表示方法。

(1) 列举法。列举法就是将集合的元素逐一列举出来的方式。例如,

$$A = \{1, 2, 3\}$$

(2) 描述法。设集合 S 是由具有某种性质 P 的全体元素所构成的,则可以采用描述集合中元素公共属性的方法来表示集合:$S = \{x \mid P(x)\}$。例如,

$$B = \{x \mid x \text{ 是正整数}\} \tag{1.1.1}$$

这里,集合 B 指由所有正整数构成的集合,即 $B = \{1, 2, 3, \cdots\}$。"|"称为集合建构符,表示"条件是",因此式(1.1.1)可以读作"B 是所有 x 组成的集合,条件是 x 是正整数"。这里,把 B 中元素必须满足的性质放在"|"符号之后。

(3) 文氏图(Venn 图)。Venn 图给出了集合的形象化表示,用一条封闭的曲线内部表

示一个集合。在 Venn 图中,用矩形表示全集,用圆表示全集的子集,如图 1.1.1 所示。

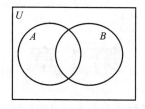

图 1.1.1　文氏图

文氏图可以表示集合运算的结果。例如,在图 1.1.2 中,阴影部分分别表示集合 A 和集合 B 的并集、交集和差集。

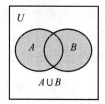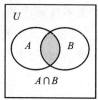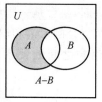

图 1.1.2　集合 A 和集合 B 的并集、交集和差集

此外,有些集合可以用一些特定符号表示,比如,

N:非负整数集合或自然数集合 $\{0,1,2,3,\cdots\}$

N* 或 **N**$^+$:正整数集合 $\{1,2,3,\cdots\}$

Z:整数集合 $\{\cdots,-1,0,1,\cdots\}$

Q:有理数集合

Q$^+$:正有理数集合

Q$^-$:负有理数集合

R:实数集合(包括有理数和无理数)

R$^+$:正实数集合

R$^-$:负实数集合

C:复数集合

$\varnothing$:空集(不含有任何元素的集合),$\varnothing=\{\quad\}$

集合中的元素有以下三个特征。

(1) 确定性(集合中的元素必须是确定的)。

(2) 互异性(集合中的元素互不相同)。例如,集合 $\{1,2,3\}$ 和 $\{1,2,2,3\}$ 是同一个集合,虽然第二个集合中的元素 2 重复出现,但只被算作一个元素。

(3) 无序性(集合中的元素没有先后之分)。例如,集合 $\{3,4,5\}$ 和 $\{3,5,4\}$ 是同一个集合。

设 X 和 Y 是两个集合。

如果 X 和 Y 的元素相同,则称集合 X 与 Y 相等,记为 $X=Y$。如果 X 和 Y 满足:

• 对于任意的 x,如果 $x\in X$,则 $x\in Y$,

• 对于任意的 x,如果 $x\in Y$,则 $x\in X$,

则称 X 与 Y 相等,记为 $X=Y$。

如果 X 与 Y 不相等,则记为 $X \neq Y$。

如果 X 的每个元素都属于 Y,则称 X 是 Y 的子集,记为 $X \subseteq Y$,即如果对于任意的 $x \in X$,有 $x \in Y$,则 $X \subseteq Y$。例如,$N \subseteq Z \subseteq Q \subseteq R \subseteq C$。

根据上面的定义可以看出,$X = Y$,即有 $X \subseteq Y$ 且 $Y \subseteq X$。

如果 X 是 Y 的子集,并且 X 不等于 Y,则称 X 是 Y 的真子集,记为 $X \subset Y$。

例 1.1.1 令 $A = \{1, 3, 2\}$,$B = \{1, 2, 3, 2\}$,$C = \{1, 3\}$,则有 $A = B$,$C \subseteq A$,$C \subset A$,即 A 与 B 相等,C 是 A 的子集,并且是 A 的真子集。

定义 1.1.2 集合 X 中的元素个数,称为集合 X 的**势**,其中 X 是一个有限集,记为 $|X|$。

例 1.1.3 令集合 $A = \{1, 2, 3\}$,则 $|A| = 3$,即集合 A 的势为 3。

定义 1.1.4 集合 X 的所有子集组成的集合,称为集合 X 的**幂集**,记为 $P(X)$。

例 1.1.5 令 $A = \{1, 2, 3\}$,则 $P(A) = \{\varnothing, \{1\}, \{2\}, \{3\}, \{1, 2\}, \{1, 3\}, \{2, 3\}, \{1, 2, 3\}\}$。此外,$|A| = 3$,$|P(A)| = 8$。

从例 1.1.5 看出,$|A| = 3$,$|P(A)| = 2^3$。事实上,对于幂集,可以证明如下结果。

定理 1.1.6 如果 $|X| = n$,则
$$|P(X)| = 2^n, \quad n \geqslant 0$$

该定理可以用数学归纳法进行证明。

对于集合,可以进行并、交、补等基本运算,得到新的集合。

定义 1.1.7 设 X 和 Y 为两个集合。

(i) 集合
$$X \cup Y = \{x \mid x \in X \text{ 或 } x \in Y\}$$

称为 X 与 Y 的**并集**,即由所有在 X 中或在 Y 中的元素组成的集合。

(ii) 集合
$$X \cap Y = \{x \mid x \in X \text{ 且 } x \in Y\}$$

称为 X 与 Y 的**交集**,即由所有在 X 中并且在 Y 中的元素组成的集合。

(iii) 集合
$$X - Y = \{x \mid x \in X \text{ 且 } x \notin Y\}$$

称为 X 与 Y 的**差集**,即由所有在 X 中且不在 Y 中的元素组成的集合。

(iv) 给定全集 U 和 U 的一个子集 X,集合 $U - X$ 称为 X 的**补集**(或余集),记为 X^c 或 $\overline{X}$。

从上面的定义可以看出,$X \cup Y$ 由 X 或 Y 中的元素构成,$X \cap Y$ 由 X 和 Y 中的公共元素构造,$X - Y$ 由属于 X 但不属于 Y 的元素构成。

例 1.1.8 令 $A = \{a, c, d\}$,$B = \{b, d, e\}$,则 $A \cup B = \{a, b, c, d, e\}$,$A \cap B = \{d\}$,$A - B = \{a, c\}$,$B - A = \{b, e\}$。

注意:$A - B \neq B - A$。

定理 1.1.9 令 U 是全集,A, B, C 是 U 的子集,则有下列性质成立。

(i) 结合律
$$(A \cup B) \cup C = A \cup (B \cup C), \quad (A \cap B) \cap C = A \cap (B \cap C)$$

(ii) 交换律
$$A \cup B = B \cup A, \quad A \cap B = B \cap A$$

(iii) 分配率
$$A \cap (B \cup C) = (A \cap B) \cup (A \cap C), \quad A \cup (B \cap C) = (A \cup B) \cap (A \cup C)$$

(iv) 同一律
$$A \cup \varnothing = A, \quad A \cap U = A$$

(v) 补余律
$$A \cup \overline{A} = U, \quad A \cap \overline{A} = \varnothing$$

(vi) 幂等律
$$A \cup A = A, \quad A \cap A = A$$

(vii) 零率
$$A \cup U = U, \quad A \cap \varnothing = \varnothing$$

(viii) 吸收律
$$A \cup (A \cap B) = A, \quad A \cap (A \cup B) = A$$

(ix) 双重否定律
$$\overline{\overline{A}} = A$$

(x) 零一律
$$\overline{\varnothing} = U, \quad \overline{U} = \varnothing$$

(xi) 德摩根(De Morgan)律
$$\overline{A \cup B} = \overline{A} \cap \overline{B}, \quad \overline{A \cap B} = \overline{A} \cup \overline{B}$$

定义 1.1.10 以集合为元素的集合称为**集族**。

如果 $X \cap Y = \varnothing$，则集合 X 和 Y 不相交。如果集合 X 和集合 Y 是集族 S 中的任意两个元素，且 X 和 Y 不相交，则称集族 S 两两不相交。

例 1.1.11 $S = \{\{a,c\}, \{x,y\}, \{1,2,3\}\}$ 是一个集族，并且集族 S 两两不相交。

定义 1.1.12 集族 S 的并集是由所有属于 S 中某个集合 X 的元素构成的集合，即
$$\cup S = \{x \mid x \in X, \text{对某个 } X \in S\}$$

定义 1.1.13 集族 S 的交集是由所有属于 S 中每个集合 X 的元素构成的集合，即
$$\cap S = \{x \mid x \in X, \text{对每个 } X \in S\}$$

根据定义可以看出，集族的并集和交集其实是两个集合的并和交运算的推广。例如，令
$$S = \{A_1, A_2, \cdots, A_n\}$$
则
$$\cup S = A_1 \cup A_2 \cup \cdots \cup A_n = \{x \mid (x \in A_1) \vee (x \in A_2) \vee \cdots \vee (x \in A_n)\}$$
$$\cap S = A_1 \cap A_2 \cap \cdots \cap A_n = \{x \mid (x \in A_1) \wedge (x \in A_2) \wedge \cdots \wedge (x \in A_n)\}$$

上述的并和交可以记为 $\bigcup\limits_{i=1}^{n} A_i$ 和 $\bigcap\limits_{i=1}^{n} A_i$，即
$$\bigcup\limits_{i=1}^{n} A_i = A_1 \cup A_2 \cup \cdots \cup A_n$$
$$\bigcap\limits_{i=1}^{n} A_i = A_1 \cap A_2 \cap \cdots \cap A_n$$

进一步地，并和交运算可以推广到无穷多个集合的情况：
$$\bigcup\limits_{i=1}^{\infty} A_i = A_1 \cup A_2 \cup \cdots$$

$$\bigcap_{i=1}^{\infty} A_i = A_1 \bigcap A_2 \bigcap \cdots$$

定义 1.1.14 令S表示由集合X的非空子集构成的集族,如果集合X的每个元素属于且仅属于S的一个元素,则S称为集合X的一个**划分**。

根据定义知,如果S是X的一个划分,则S是两两不相交的,且$\bigcup S = X$。

例 1.1.15 令$X = \{a, b, c, d, 1, 2, 3, 4\}$,则
$$S = \{\{a\}, \{b, c, d\}, \{1, 2\}, \{3, 4\}\}$$
是X的一个划分。

定义 1.1.16 集合$X_1, X_2, \cdots, X_n$的**笛卡尔积**定义为由所有有序n元组$(x_1, x_2, \cdots, x_n)$构成的集合,其中$x_i \in X_i, i = 1, 2, \cdots, n$,并记为$X_1 \times X_2 \times \cdots \times X_n$。特别地,集合$X$与$Y$的笛卡尔积$X \times Y$为所有有序对$(x, y)$构成的集合,其中$x \in X, y \in Y$。

需注意有序n元组和n个元素的集合的区别,对于有序对(x, y),当$x \neq y$时,$(x, y) \neq (y, x)$,而对于集合$\{x, y\}$,当$x \neq y$时,$\{x, y\} = \{y, x\}$。

对于任意集合A,根据定义有
$$A \times \varnothing = \varnothing \qquad \varnothing \times A = \varnothing$$

根据集合的势的定义不难推出,如果$|A| = m$,$|B| = n$,则$|A \times B| = mn$。

例 1.1.17 $A = \{a, b\}, B = \{0, 1, 2\}$,则
$$A \times B = \{(a, 0), (a, 1), (a, 2), (b, 0), (b, 1), (b, 2)\}$$
$$B \times A = \{(0, a), (0, b), (1, a), (1, b), (2, a), (2, b)\}$$

从上例可以看出,在一般情况下,笛卡尔积的运算不满足交换律:

当$A \neq \varnothing$且$B \neq \varnothing$且$A \neq B$时,
$$A \times B \neq B \times A$$

此外,笛卡尔积的运算不满足结合律:

当$A \neq \varnothing$且$B \neq \varnothing$且$C \neq \varnothing$时,
$$(A \times B) \times C \neq A \times (B \times C)$$

笛卡尔积的运算对并和交运算满足分配率:
$$A \times (B \bigcup C) = (A \times B) \bigcup (A \times C)$$
$$(B \bigcup C) \times A = (B \times A) \bigcup (C \times A)$$
$$A \times (B \bigcap C) = (A \times B) \bigcap (A \times C)$$
$$(B \bigcap C) \times A = (B \times A) \bigcap (C \times A)$$

下面验证:$A \times (B \bigcup C) = (A \times B) \bigcup (A \times C)$,其余的等式可以类似验证。

对任意的(x, y),
$$(x, y) \in A \times (B \bigcup C)$$
$$\Leftrightarrow x \in A \wedge y \in (B \bigcup C)$$
$$\Leftrightarrow x \in A \wedge (y \in B \vee y \in C)$$
$$\Leftrightarrow (x \in A \wedge y \in B) \vee (x \in A \wedge y \in C)$$
$$\Leftrightarrow (x, y) \in A \times B \vee (x, y) \in A \times C$$
$$\Leftrightarrow (x, y) \in (A \times B) \bigcup (A \times C)$$

因此$A \times (B \bigcup C) = (A \times B) \bigcup (A \times C)$。

习　题

1. 用列举法表示下列集合。

(1) $A = \{x \mid x \in \mathbf{Z} \text{ 且 } 2 < x < 9\}$；

(2) $B = \{x \mid x^2 - 5x + 6 = 0\}$；

(3) $C = \{(a,b) \mid a,b \in \mathbf{Z} \text{ 且 } |a| < 2, 0 < b < 3\}$。

2. 给定全集 $U = \{x \mid x \in \mathbf{Z}, |x| < 10\}$，$A = \{1,2,7,8\}$，$B = \{-5,-6,7,8\}$，$C = \{-5,0,1\}$，用列举法写出下列集合，并写出它的势。

(1) $A \cap B$；

(2) $B \cup C$；

(3) $A - C$；

(4) $\overline{B}$；

(5) $C \cup \varnothing$；

(6) $A \cap (B \cup C)$；

(7) $(\overline{A} \cup B) \cap (\overline{C} - A)$；

(8) $(A \cup B) - (C \cap B)$。

3. 画出文氏图，并用阴影标记所给集合。

(1) $B \cup C$；

(2) $A \cup (B \cup C)$；

(3) $\overline{B} \cup C$；

(4) $\overline{A}$；

(5) $B \cap (\overline{C \cup A})$；

(6) $B \cup (B - A)$。

4. 设 $A = \{x,y\}$，$B = \{a,c,e\}$，用列举法写出下列集合。

(1) $A \times B$；

(2) $B \times A$；

(3) $A \times A$；

(4) $B \times B$。

5. 设 $X = \{1,2\}$，$Y = \{y\}$，$Z = \{b,c\}$，用列举法写出下列集合。

(1) $X \times Y \times Y$；

(2) $Z \times X \times Y$；

(3) $X \times Y \times Z$；

(4) $Z \times X \times Y \times Y$。

6. 判断下列每小题中的两个集合是否相等。

(1) $\{1,2,2,3\}$，$\{1,2,3\}$；

(2) $\{1,1,2\}$，$\{2,2,1\}$；

(3) $\{x \mid x^2 = 1\}$，$\{1,-2\}$；

(4) $\{x \mid x$ 是实数且 $0<x\leqslant3\},\{1,2,3\}$。

7. 判断下列语句是否正确。

(1) $\{a\}\in\{a\}$；

(2) $a\in\{a\}$；

(3) $\{a\}\subseteq\{a\}$；

(4) $\{a\}\subseteq\{a,\{a\}\}$。

8. 写出 $\mathscr{P}(\{1,2,3,4\})$ 的所有元素。

9. 设集合 X、Y 和 Z 是全集 U 的任意子集，判断下列语句是否正确，并说明原因。

(1) $(X-Y)\bigcap(Y-X)=\varnothing$；

(2) $Z\subseteq X$ 或者 $X\subseteq Z$；

(3) $\overline{X\bigcap Y}\subseteq X$；

(4) $X\times(Y\bigcup Z)=(X\times Y)\bigcup(X\times Z)$。

1.2 命　题

逻辑是所有数学推理的基础，对计算机的设计、人工智能、计算机程序设计、程序设计语言及计算机科学的其他领域，逻辑都有实际的应用。逻辑是研究推理的数学分支，而推理由一系列陈述句组成。例如，"因为今天下雨，所以我不跑步"是一个陈述句，并且这里的"今天下雨"和"我不跑步"也是两个陈述句。这些语句或者为真，或者为假，这种非真即假的陈述语句称为命题。

定义 1.2.1 一个具有唯一真值的陈述句称为命题。

根据定义，要判断一个语句是否为命题，需要验证：它是否是陈述句；它是否有唯一真值。

例 1.2.2 判断下列语句是否为命题。

(1) π 是无理数。

(2) 2008 年元旦是星期一。

(3) 火星上有水。

(4) 请勿吸烟。

(5) $x>10$

(6) $\sqrt{8}$ 大于 3 吗？

(7) 今天天气真好啊！

解 语句(1)是陈述句，并且为真，所以是命题。

语句(2)是陈述句，可以查到 2008 年元旦是星期二，所以这句话为假，是命题。

语句(3)是陈述句，虽然至今还不知道火星上是否有水，但火星上是否有水是客观存在的，只是目前人类还不知道而已，也就是说，这句话的真值是唯一的，所以它是命题。

语句(4)是祈使句，不是陈述句，所以不是命题。

语句(5)根据 x 的取值情况，可以为真，可以为假。例如，如果 $x=12$，则语句为真；如果 $x=2$，则语句为假。所以它不是命题。

语句(6)是疑问句,不是陈述句,所以不是命题。

语句(7)是感叹句,不是陈述句,所以不是命题。

在本书中,用小写英文字母(如 p,q,r,s 等)表示命题,用 T 表示真(true),用 F 表示假(false),于是命题的真值为 T 或 F。例 1.2.2 中的语句可以进行符号化,如

p:π 是无理数。

其中,p 为形式语言,"π 是无理数"是自然语言。

在自然语言中,经常会出现"非""和/且""或""如果……,则……""当且仅当",这些词称为联结词,不过自然语言中的联结词有时具有二义性,因此在数理逻辑中必须给出联结词的严格定义,并且将它们符号化。

定义 1.2.3 令 p 为命题,p 的**否定**是命题"非 p",记为 $\neg p$。符号 $\neg$ 称为否定联结词。规定 $\neg p$ 为真当且仅当 p 为假。

定义 1.2.4 令 p 和 q 为命题。复合命题"p 与 q"称为 p 和 q 的**合取**,记为 $p \wedge q$。符号 $\wedge$ 称为合取联结词。规定 $p \wedge q$ 为真当且仅当 p 和 q 同时为真。

定义 1.2.5 令 p 和 q 为命题。复合命题"p 或 q"称为 p 和 q 的**析取**,记为 $p \vee q$。符号 $\vee$ 称为析取联结词。规定 $p \vee q$ 为假当且仅当 p 和 q 同时为假。

定义 1.2.6 令 p 和 q 为命题。复合命题"如果 p,则 q"称为**条件命题**,或 p 和 q 的蕴涵式,记为 $p \rightarrow q$。其中 p 称为假设或前件,q 称为结论或后件,符号 $\rightarrow$ 称为蕴涵联结词。规定 $p \rightarrow q$ 为假当且仅当 p 为真 q 为假。

定义 1.2.7 令 p 和 q 为命题。复合命题"p 当且仅当 q"称为**双条件命题**,或 p 和 q 的等价式,记为 $p \leftrightarrow q$。符号 $\leftrightarrow$ 称为双向蕴涵联结词或等价联结词。规定 $p \leftrightarrow q$ 为真当且仅当 p 和 q 同时为真或同时为假。

以上定义了 5 个最基本、最常用的逻辑联结词,其中 $\neg$ 为一元联结词,其余 4 个为二元联结词,根据定义,它们的真值可以由表 1.2.1 和表 1.2.2 所示真值表给出。

表 1.2.1 联结词 $\neg$ 的定义

p	$\neg p$
T	F
F	T

表 1.2.2 联结词 $\wedge$, $\vee$, $\rightarrow$, $\leftrightarrow$ 的定义

p	q	$p \wedge q$	$p \vee q$	$p \rightarrow q$	$p \leftrightarrow q$
T	T	T	T	T	T
T	F	F	T	F	F
F	T	F	T	T	F
F	F	F	F	T	T

注意条件命题 $p \rightarrow q$ 在假设 p 为假时,$p \rightarrow q$ 为真,称为默认为真或空虚真。例如,考虑条件命题

如果太阳从西边升起,则水往高处流。

因为"太阳从西边升起"是假的,使得上述条件命题默认为真。为了进一步理解为什么 p 为假时,$p \rightarrow q$ 定义为真,考虑下面的例子:

对所有的实数 x,若 $x>0$,则 $x^2>0$ (1.2.1)

容易知道,上述语句为真。如果令 p 表示 $x>0$,q 表示 $x^2>0$,则无论 x 取哪个实数,命题

如果 p,则 q (1.2.2)

都为真。①若 $x=1$,则 $p:1>0$ 和 $q:1^2>0$ 都为真,并且由条件命题的定义,命题(1.2.2)为真。②若 $x=-1$,则 $p:-1>0$ 为假,但 $q:(-1)^2>0$ 为真,要使得这种情况下命题(1.2.2)为真,必须将条件命题在 p 为假,q 为真的情况下,定义为真。③若 $x=0$,则 $p:0>0$ 和 $q:0^2>0$ 都为假,要使得这种情况下命题(1.2.2)为真,必须将条件命题在 p 为假,q 为假的情况下,定义为真。

例 1.2.8 将下列命题符号化。

(1)小明爱唱歌或爱画画。

(2)小明是初三一班的学生或是初三二班的学生。

(3)今天天很冷,并且还下雨。

(4)如果小明努力学习,他将成为一名好学生。

(5)天一刮风,雾霾就散了。

(6)小明去过法国的充分条件是他去过埃菲尔铁塔。

(7)今天下雪的必要条件是今天很冷。

解 (1)令 p:小明爱唱歌,q:小明爱画画,则符号化为 $p \vee q$。

(2)根据语句,可以看出小明或者是初三一班的学生,或者是初三二班的学生,但不能同时是两个班的学生,语句(2)中的"或"是排斥或。因此令 p:小明是初三一班的学生,q:小明是初三二班的学生,则符号化为 $(p \wedge \neg q) \vee (q \wedge \neg p)$。

(3)令 p:今天天很冷,q:今天下雨,则符号化为 $p \wedge q$。

(4)令 p:小明努力学习,q:小明将成为一名好学生,则符号化为 $p \rightarrow q$。

(5)"一……就……"相当于"如果……,则……"。因此令 p:天刮风,q:雾霾散了,则符号化为 $p \rightarrow q$。

(6)充分条件是指可以保证某结果的条件。因此,语句(6)等价于

如果小明去过埃菲尔铁塔,则他去过法国。

令 p:小明去过埃菲尔铁塔,q:小明去过法国,则符号化为 $p \rightarrow q$。

(7)必要条件是得到某结果所必需的条件。因此,语句(7)等价于

如果今天下雪,则今天很冷。

令 p:今天下雪,q:今天很冷,则符号化为 $p \rightarrow q$。

例 1.2.9 将下列命题符号化,并指出它们的真值。

(1)$3+3=6$,并且巴黎是英国的首都。

(2)$5>9$,或者 9 是奇数。

(3)如果 7 是素数,则 14 是素数。

(4)$\sqrt{5}$ 是无理数当且仅当加拿大位于亚洲。

(5)纽约不是美国的首都。

解 (1)令 p:$3+3=6$,q:巴黎是英国的首都,则语句(1)符号化为 $p \wedge q$。由于 p 为真,q 为假,所以 $p \wedge q$ 为假。

(2)令 p:$5>9$,q:9 是奇数,则语句(2)符号化为 $p \vee q$。由于 p 为假,q 为真,所以 $p \vee q$ 为真。

(3) 令 p:7 是素数,q:14 是素数,则语句(3)符号化为 $p \rightarrow q$。由于 p 为真,q 为假,所以 $p \rightarrow q$ 为假。

(4) 令 p:$\sqrt{5}$是无理数,q:加拿大位于亚洲,则语句(4)符号化为 $p \leftrightarrow q$。由于 p 为真,q 为假,所以 $p \leftrightarrow q$ 为假。

(5) 令 p:纽约是美国的首都,则语句(5)符号化为 $\neg p$。由于 p 为假,所以 $\neg p$ 为真。

使用多个联结词可以组成更复杂的复合命题,求复杂的复合命题的真值时,除依据联结词的真值定义,还要规定联结词的优先顺序。对上述联结词,它们的优先顺序为 $\neg$,$\wedge$,$\vee$,$\rightarrow$,$\leftrightarrow$,对同一优先级,按从左到右的顺序进行。出现小括号"()"时,优先括号内进行。

例 1.2.10 令 p,q,r 为命题,其中 p 为真,q 为真,r 为假。求下列复合命题的真值:

(1) $((\neg p \wedge q) \vee (p \wedge \neg q)) \rightarrow r$

(2) $(q \vee r) \rightarrow (p \rightarrow \neg r)$

(3) $(\neg p \vee r) \leftrightarrow (p \wedge \neg r)$

解 (1) 由于 p,q 为真,r 为假,所以 $\neg p$,$\neg q$ 为假,$\neg p \wedge q$ 为假,$p \wedge \neg q$ 为假,$((\neg p \wedge q) \vee (p \wedge \neg q))$ 为假,$((\neg p \wedge q) \vee (p \wedge \neg q)) \rightarrow r$ 为真。

(2) 由于 p,q 为真,r 为假,所以 $q \vee r$ 为真,$p \rightarrow \neg r$ 为真,$(q \vee r) \rightarrow (p \rightarrow \neg r)$ 为真。

(3) 由于 p,q 为真,r 为假,所以 $\neg p \vee r$ 为假,$p \wedge \neg r$ 为真,$(\neg p \vee r) \leftrightarrow (p \wedge \neg r)$ 为假。

习 题

1. 判断下列句子是否是命题。

(1) 2 和 8 都是偶数。

(2) x 是有理数。

(3) 你去教室吗?

(4) 把那本书递给我。

(5) 今天天气真好啊!

(6) 2018 年元旦下大雪。

2. 将下列命题符号化,并指出真值。

(1) $\sqrt{3}$是有理数。

(2) $\sqrt{9}$不是无理数。

(3) 3.2 是自然数。

(4) $\ln e$ 是整数。

3. 写出习题 2 中命题的否定式,并将其符号化。

4. 将下列命题符号化,并指出其真值。

(1) 2 和 7 都是素数。

(2) 3 是偶素数。

(3) 5 既不是素数,也不是偶数。

(4) 2 或者 5 是偶数。

(5) 只要 2<1,就有 3<2。

（6）如果 2<1，则 3≥2。

（7）2+2＝4 当且仅当 3+3＝6。

（8）今天是星期二当且仅当明天是星期三。

5. 给出下列命题的真值表。

（1）$p \land \neg p$；

（2）$(p \lor \neg q) \land \neg p$；

（3）$\neg(p \land q) \lor (\neg p \lor r)$；

（4）$p \to q \lor r$；

（5）$(q \lor r) \lor \neg(r \lor p)$；

（6）$(p \lor \neg q) \land (\neg p \lor \neg q)$。

6. 给定命题 p 为真，q 为假，r 为真，判断下列命题的真假。

（1）$p \lor q \to r$；

（2）$(p \to \neg q) \land r$；

（3）$(p \to q) \lor (\neg p)$；

（4）$p \land q \lor r$；

（5）$(p \lor q) \lor (\neg p \lor q)$；

（6）$(p \lor q) \land (\neg p \lor q) \land (p \lor \neg q)$。

1.3 逻辑等价

设 p 和 q 是两个命题，若 p 和 q 有相同的真值表，说明在所有可能的情况中，p 和 q 的真值都相同，则 p 和 q 是逻辑等价的。

定义 1.3.1 设命题 P 和 Q 由命题 $p_1, p_2, \cdots, p_n$ 组成，如果任意给定 $p_1, p_2, \cdots, p_n$ 的真值，P 和 Q 同时为真，或者同时为假，则称 P 和 Q 是逻辑等价的，记为

$$P \equiv Q \quad \text{或} \quad P \Leftrightarrow Q$$

$P \Leftrightarrow Q$ 也可以称为等值式。注意符号 $\Leftrightarrow$ 不是逻辑联结词，它是用来说明 P 与 Q 等价的一种记法，注意与联结词 $\leftrightarrow$ 进行区分。判断两个命题是否等价最直接的方法就是用真值表。

例 1.3.2 判断下列两个命题是否等价：

$$\neg(p \lor q) \quad \text{与} \quad \neg p \land \neg q$$

解 写出 $\neg(p \lor q)$ 与 $\neg p \land \neg q$ 的真值表如下：

p	q	$\neg(p \lor q)$	$\neg p \land \neg q$
T	T	F	F
T	F	F	F
F	T	F	F
F	F	T	T

可以看出，任意给定 p 和 q 的真值，$\neg(p \lor q)$ 与 $\neg p \land \neg q$ 都同时为真或同时为假。因此，$\neg(p \lor q)$ 与 $\neg p \land \neg q$ 是逻辑等价的。

例 1.3.3 判断下列两个命题是否等价：

$$p \rightarrow q \quad \text{与} \quad \neg p \vee q$$

解 写出 $p \rightarrow q$ 与 $\neg p \vee q$ 的真值表如下：

p	q	$p \rightarrow q$	$\neg p \vee q$
T	T	T	T
T	F	F	F
F	T	T	T
F	F	T	T

可以看出，任意给定 p 和 q 的真值，$p \rightarrow q$ 与 $\neg p \vee q$ 都同时为真或同时为假。因此，$p \rightarrow q$ 与 $\neg p \vee q$ 是逻辑等价的。

例 1.3.4 判断下列两个命题是否等价：

$$p \rightarrow q \quad \text{与} \quad \neg q \rightarrow \neg p$$

解 写出 $p \rightarrow q$ 与 $\neg q \rightarrow \neg p$ 的真值表如下：

p	q	$p \rightarrow q$	$\neg q \rightarrow \neg p$
T	T	T	T
T	F	F	F
F	T	T	T
F	F	T	T

可以看出，任意给定 p 和 q 的真值，$p \rightarrow q$ 与 $\neg q \rightarrow \neg p$ 都同时为真或同时为假。因此，$p \rightarrow q$ 与 $\neg q \rightarrow \neg p$ 是逻辑等价的。

下面给出一些常用的等值式，用它们可以证明更多的命题是逻辑等价的。

（1）双重否定律

$$A \equiv \neg \neg A$$

（2）幂等律

$$A \equiv A \vee A, \quad A \equiv A \wedge A$$

（3）交换律

$$A \vee B \equiv B \vee A, \quad A \wedge B \equiv B \wedge A$$

（4）结合律

$$(A \vee B) \vee C \equiv A \vee (B \vee C), \quad (A \wedge B) \wedge C \equiv A \wedge (B \wedge C)$$

（5）分配律

$$A \vee (B \wedge C) \equiv (A \vee B) \wedge (A \vee C), \quad A \wedge (B \vee C) \equiv (A \wedge B) \vee (A \wedge C)$$

（6）De Morgan 律

$$\neg (A \vee B) \equiv \neg A \wedge \neg B, \quad \neg (A \wedge B) \equiv \neg A \vee \neg B$$

（7）吸收律

$$A \vee (A \wedge B) \equiv A, \quad A \wedge (A \vee B) \equiv A$$

(8) 零律
$$A \lor T \equiv T, \quad A \land F \equiv F$$

(9) 同一律
$$A \lor F \equiv F, \quad A \land T \equiv T$$

(10) 排中律
$$A \lor \neg A \equiv T$$

(11) 矛盾律
$$A \land \neg A \equiv F$$

(12) 蕴涵等值式
$$A \to B \equiv \neg A \lor B$$

(13) 等价等值式
$$A \leftrightarrow B \equiv (A \to B) \land (B \to A)$$

(14) 假言易位
$$A \to B \equiv \neg B \to \neg A$$

(15) 等价否定等值式
$$A \leftrightarrow B \equiv \neg A \leftrightarrow \neg B$$

(16) 归谬论
$$(A \to B) \land (A \to \neg B) \equiv \neg A$$

以上等值式中的 A, B, C 可以替换成任意的复合命题,从而得到更多同类型的具体的等值式。例如,在蕴涵等值式

$$A \to B \equiv \neg A \lor B$$

中,当取 $A = p, B = q$ 时,得到

$$p \to q \equiv \neg p \lor q$$

当取 $A = p \lor q, B = p \land q$ 时,得到

$$(p \lor q) \to (p \land q) \equiv \neg (p \lor q) \lor (p \land q)$$

习　题

1. 设 A 和 B 为命题,验证下列等值式:

(1) $\neg (A \land B) \equiv \neg A \lor \neg B$;

(2) $A \leftrightarrow B \equiv (A \to B) \land (B \to A)$;

(3) $A \land (B \lor C) \equiv (A \land B) \lor (A \land C)$;

(4) $A \lor \neg A \equiv T$。

2. 对下列每对命题 A 和 B,说明 A 和 B 是否等价:

(1) $A = p, B = p \lor q$;

(2) $A = p \land q, B = \neg p \lor \neg q$;

(3) $A = p \to q, B = \neg p \lor q$;

(4) $A = p \to q, B = p \leftrightarrow q$;

(5) $A=(p \rightarrow q) \wedge (q \rightarrow r), B=p \rightarrow r$;

(6) $A=(p \rightarrow q) \rightarrow r, B=p \rightarrow (q \rightarrow r)$。

1.4 量词与量词语句

前两节中的命题逻辑具有一定的局限性,还不能描述数学和计算机科学中的很多情况。例如,

$$p : n \text{ 是一个素数。}$$

根据命题的定义,上面的语句不是一个命题,因为它的真值不能唯一确定,比如当 $n=2$ 时 p 为真,当 $n=4$ 时 p 为假。为了克服命题逻辑的局限性,引入命题函数和量词语句的概念。

定义 1.4.1 设 D 是一个集合,$P(x)$ 是包含变量 x 的语句,如果对于 D 中的每一个元素 x,$P(x)$ 都是一个命题,则称 P 是一个命题函数或谓词,D 称为 P 的论域。

上面的定义确定了变量 x 的取值范围是 D,也就是说 x 要在 D 中选取。

命题函数 P 本身既不为真也不为假,但对于论域 D 中的每一个元素 x,$P(x)$ 是一个命题,或者为真或者为假。例如,设论域为 $\mathbf{Z}^+$,

$$P(n) : n \text{ 是一个素数}$$

是一个命题函数,若 $n=2$,得到

$$P(2) : 2 \text{ 是一个素数}$$

是一个命题,真值为真。若 $n=4$,得到

$$P(4) : 4 \text{ 是一个素数}$$

是一个命题,真值为假。

例 1.4.2 说明下面语句是命题函数:

(1) 北京人去过香山(论域是北京人集合)。

(2) $m+2$ 是一个偶数(论域是 $\mathbf{Z}^+$)。

(3) $x^2+2x+1=0$(论域是 $\mathbf{R}$)。

解 (1) 语句中的"北京人"作为变量,用具体的某个北京人替换"北京人"变量,就得到一个命题,比如,用小明替换"北京人",语句(1)就变成

小明去过香山。

这个语句或者为真或者为假,是一个命题,因此语句(1)是命题函数。

(2) 语句中的 m 是变量,对于每一个正整数 m,得到一个命题,因此语句(2)是命题函数。

(3) 语句中的 x 是变量,对于每一个实数 x,得到一个命题,因此语句(3)是命题函数。

在数学和计算机科学中常会出现"每个"和"有一个"这样的术语,例如,

$$\text{对每个三角形 T,T 的内角和为 } 180°。$$

和

$$\text{有一个实数 } x,\text{使得 } a<x<b,\text{这里 } a \text{ 和 } b \text{ 是实数且满足 } a<b。$$

为了扩展逻辑系统,以便处理包含"每个"和"有一个"这样的语句,引入两个量词:全称

量词和存在量词。全称量词用符号 $\forall$ 表示,含义是"每一个""所有的""任意的"等。存在量词用符号 $\exists$ 表示,含义是"有一个""存在""至少有一个"等。

定义 1.4.3 设 P 是论域为 D 的命题函数,则语句对每个 $x,P(x)$ 称为全称量词语句,记为

$$\forall xP(x)$$

如果对于 D 中的每一个 $x,P(x)$ 为真,则 $\forall xP(x)$ 为真。

如果存在 D 中的一个 x,使得 $P(x)$ 为假,则 $\forall xP(x)$ 为假。

事实上,全称量词语句是命题

$$p_1 \wedge p_2 \wedge \cdots \wedge p_n$$

的一般化,可以看作是用任意的 $P(x)$ 代替单个命题 $p_i,i=1,2,\cdots,n$,其中 x 是论域中的元素,并且用 $\forall xP(x)$ 代替 $p_1 \wedge p_2 \wedge \cdots \wedge p_n$。命题 $p_1 \wedge p_2 \wedge \cdots \wedge p_n$ 为真,当且仅当对所有的 $i=1,2,\cdots,n,p_i$ 为真。同样地,命题 $\forall xP(x)$ 为真,当且仅当对论域中所有的 $x,P(x)$ 为真。

定义 1.4.4 设 P 是论域为 D 的命题函数,则语句

$$存在 x,P(x)$$

称为存在量词语句,记为

$$\exists xP(x)$$

如果存在 D 中的一个 x,使得 $P(x)$ 为真,则 $\exists xP(x)$ 为真。

如果对于 D 中的每一个 $x,P(x)$ 为假,则 $\exists xP(x)$ 为假。

类似地,存在量词语句是命题

$$p_1 \vee p_2 \vee \cdots \vee p_n$$

的一般化,可以看作是用任意的 $P(x)$ 代替单个命题 $p_i,i=1,2,\cdots,n$,其中 x 是论域中的元素,并且用 $\exists xP(x)$ 代替 $p_1 \vee p_2 \vee \cdots \vee p_n$。命题 $p_1 \vee p_2 \vee \cdots \vee p_n$ 为真,当且仅当对 $i=1,2,\cdots,n$,至少有一个 p_i 为真。同样地,命题 $\exists xP(x)$ 为真,当且仅当在论域中至少有一个 $x,P(x)$ 为真。

例 1.4.5 将下列命题符号化。

(1) 每个人都需要呼吸(论域是人类集合)。

(2) 有的人用左手写字(论域是人类集合)。

解 (1) 令 $P(x):x$ 需要呼吸,则论域是人类集合时,符号化为

$$\forall xP(x)$$

(2) 令 $Q(x):x$ 用左手写字,则论域是人类集合时,符号化为

$$\exists xQ(x)$$

如果把宇宙中的一切个体看成是一个集合,该集合作为论域称为**全总个体域**。上例中如果论域是全总个体域,则两个命题的符号化应该是什么呢?

首先,将(1)和(2)换种说法,表达得更清楚些。

(1) 对于宇宙中的一切个体,如果该个体是人,则他需要呼吸。

(2) 宇宙中存在有些个体是人,并且用左手写字。

因此,(1)和(2)在全总个体域中,符号化分别为

$$\forall x(M(x) \to P(x))$$

和
$$\exists x(M(x) \wedge Q(x))$$
其中,$M(x)$:x 是人,$P(x)$ 和 $Q(x)$ 的含义同例 1.4.5。

例 1.4.6 确定下列每个语句的真值,并进行验证。

(1) $\forall x \in \mathbf{R}((x+1)^2 \geqslant 0)$

(2) $\forall x \in \mathbf{R}(x^3 - 1 < 0)$

(3) $\exists x \in \mathbf{R}(x^2 - 1 = 3)$

(4) $\exists x \in \mathbf{R}\left(\dfrac{1}{x^2+2} > 1\right)$

解 (1) 这个语句为真,因为对于所有的实数 x,$x+1$ 是实数,所以 $x+1$ 的平方大于或等于 0。

(2) 这个语句为假,因为当 $x=1$ 时,命题 $1^3 - 1 < 0$ 为假,所以 1 是语句
$$\forall x \in \mathbf{R}(x^3 - 1 < 0)$$
的一个反例。

(3) 这个语句为真,因为可以找到实数 $x=2$ 使命题 $x^2 - 1 = 3$ 为真。

(4) 这个语句为假,需要证明对每个实数 x 有 $\dfrac{1}{x^2+2} > 1$ 为假,即要证明对每个实数 x 有 $\dfrac{1}{x^2+2} \leqslant 1$ 为真。

设 x 为任意实数。因为 $x^2 \geqslant 0$,两边同时加 2 得到
$$x^2 + 2 \geqslant 2 > 1$$
再在两边同除以 $x^2 + 2$,得到
$$\frac{1}{x^2+2} \leqslant 1$$

因此,对所有实数,语句 $\dfrac{1}{x^2+2} \leqslant 1$ 为真。即对所有实数,语句 $\dfrac{1}{x^2+2} > 1$ 为假。

从而,存在量词语句
$$\exists x \in \mathbf{R}\left(\frac{1}{x^2+2} > 1\right)$$
为假。

在上面的例子中,为验证存在量词语句为假,可以验证相应的全称量词语句为真。这里用的关系即推广的 De Morgan 律。

定理 1.4.7 广义 De Morgan 律

设 P 是命题函数,则

(a) $\neg(\forall x P(x)) \equiv \exists x \neg P(x)$

(b) $\neg(\exists x P(x)) \equiv \forall x \neg P(x)$

前面的讨论解释了全称量词语句 $\forall x P(x)$ 是命题 $p_1 \wedge p_2 \wedge \cdots \wedge p_n$ 的一般化,存在量词语句 $\exists x P(x)$ 是命题 $p_1 \vee p_2 \vee \cdots \vee p_n$ 的一般化。不难看出,在广义 De Morgan 律中,(a) 是用 $\neg(\forall x P(x))$ 代替 $\neg(p_1 \wedge p_2 \wedge \cdots \wedge p_n)$,$\exists x \neg P(x)$ 代替 $\neg p_1 \vee \neg p_2 \vee \cdots \vee \neg p_n$ 得到的,(b) 是用 $\neg(\exists x P(x))$ 代替 $\neg(p_1 \vee p_2 \vee \cdots \vee p_n)$,$\forall x \neg P(x)$ 代替 $\neg p_1 \wedge \neg p_2 \wedge \cdots$

$\wedge \neg p_n$ 得到的。

例 1.4.8 用符号表示下面的语句,并用符号和文字分别表示它们的否定。

(1) 所有青蛙都有四条腿。

(2) 有的鸟不会飞。

解 (1) 定义命题函数 $P(x)$ 为"x 有四条腿",论域为"所有的青蛙",语句(1)用符号表示为

$$\forall x P(x)$$

其否定用符号表示是 $\neg(\forall x P(x))$。由广义的 De Morgan 律知,$\neg(\forall x P(x)) \equiv \exists x \neg P(x)$,所以语句(1)的否定用符号也可表示为

$$\exists x \neg P(x)$$

用文字表示为

有的青蛙没有四条腿。

(2) 定义命题函数 $P(x)$ 为"x 会飞",论域为"所有的鸟",语句(2)用符号表示为

$$\exists x P(x)$$

其否定用符号表示是 $\neg(\exists x P(x))$。由广义的 De Morgan 律知,$\neg(\exists x P(x)) \equiv \forall x \neg P(x)$,所以语句(1)的否定用符号也可表示为

$$\forall x \neg P(x)$$

用文字表示为

所有的鸟都会飞。

现在考虑语句

任意两个正实数的和是正的。

如果用符号表示上述语句,需要两个变量,分别记为 x 和 y,则可以写成

如果 $x>0$ 且 $y>0$,则 $x+y>0$。

因此,上面语句用符号表示为

$$\forall x \forall y((x>0) \wedge (y>0) \rightarrow (x+y>0))$$

论域是所有实数。上面的 $\forall x \forall y$ 称为嵌套量词。该语句是一个命题,并且为真,因为对每个实数 x 和每个实数 y,如果 x 和 y 都是正的,则它们的和是正的。

例 1.4.9 用符号表示语句

每个人都爱某个人。

解 令 $L(x,y)$ 表示"x 爱 y",论域为所有人,则上面的语句符号化为

$$\forall x \exists y L(x,y)$$

注意区分 $\forall x \exists y L(x,y)$ 和 $\exists x \forall y L(x,y)$,对于例 1.4.9,$\exists x \forall y L(x,y)$ 表示"某个人爱所有人",显然它们的意思是不同的。所以,在使用嵌套量词时,要注意它们的顺序,交换量词的顺序会改变命题的含义。

根据定义,命题 $\forall x \forall y P(x,y)$ 为真,当且仅当论域 D 中的每一个 x 和每一个 y 都使得 $P(x,y)$ 为真;$\forall x \forall y P(x,y)$ 为假,当且仅当论域 D 中至少有一个 x 和一个 y 使得 $P(x,y)$ 为假。

命题 $\forall x \exists y P(x,y)$ 为真,当且仅当对论域 D 中的每一个 x,至少存在一个 y 使得 $P(x,y)$ 为真;$\forall x \exists y P(x,y)$ 为假,当且仅当论域 D 中至少有一个 x,对 D 中的每一个 y 都

有 $P(x,y)$ 为假。

命题 $\exists x \forall y P(x,y)$ 为真,当且仅当论域 D 中至少有一个 x,使 D 中的每一个 y 都有 $P(x,y)$ 为真;$\exists x \forall y P(x,y)$ 为假,当且仅当对论域 D 中的每一个 x,至少存在一个 y 使得 $P(x,y)$ 为假。

命题 $\exists x \exists y P(x,y)$ 为真,当且仅当论域 D 中至少有一个 x 和一个 y 使得 $P(x,y)$ 为真;$\exists x \exists y P(x,y)$ 为假,当且仅当对论域 D 中的每一个 x 和每一个 y 都有 $P(x,y)$ 为假。

例 1.4.10 判断下列命题的真假:

(1) $\forall x \in \mathbf{R} \forall y \in \mathbf{R}((x>0) \wedge (y>0) \rightarrow (x+y>0))$

(2) $\forall x \in \mathbf{R} \forall y \in \mathbf{R}((x>0) \wedge (y<0) \rightarrow (x+y>0))$

(3) $\forall x \in \mathbf{R} \exists y \in \mathbf{R}(x>y)$

(4) $\forall x \in \mathbf{N} \exists y \in \mathbf{N}(x>y)$

(5) $\exists x \in \mathbf{N} \forall y \in \mathbf{N}(x \leqslant y)$

(6) $\exists x \in \mathbf{N} \forall y \in \mathbf{N}(x \geqslant y)$

(7) $\exists x \in \mathbf{N} \exists y \in \mathbf{N}((x>1) \wedge (y>1) \wedge (xy=4))$

(8) $\exists x \in \mathbf{N} \exists y \in \mathbf{N}((x>1) \wedge (y>1) \wedge (xy=5))$

解 (1) 该命题为真,因为对每个实数 x 和每个实数 y,条件命题
$$(x>0) \wedge (y>0) \rightarrow (x+y>0)$$
为真。

(2) 该命题为假,因为存在 $x=1,y=-1$,使得条件命题
$$(x>0) \wedge (y<0) \rightarrow (x+y>0)$$
为假。$x=1,y=-1$ 是该命题的反例。

(3) 该命题为真,因为对每个实数 x,至少有一个 $y=x-1$,使得 $x>y$ 为真。

(4) 该命题为假,因为存在 $x=0$,使得对任意自然数 $y,x>y$ 都为假。

(5) 该命题为真,因为存在 $x=0$,使得对任意自然数 $y,x \leqslant y$ 都为真。

(6) 该命题为假,因为对任意自然数 x,至少存在自然数 $y=x+1$,使得 $x \geqslant y$ 为假。

(7) 该命题为真,因为存在自然数 $x=2,y=2$,使得命题
$$(x>1) \wedge (y>1) \wedge (xy=4)$$
为真。

(8) 该命题为假,因为 5 是素数,所以对任意的自然数 x 和 y,命题
$$(x>1) \wedge (y>1) \wedge (xy=5)$$
为假。

习　　题

1. 用符号表示下列命题。

(1) 雪花都是白色的。

(2) 有的人天天锻炼身体。

(3) 火车都比汽车快。

（4）有的火车比有的汽车快。

（5）没有比所有火车都快的汽车。

（6）这句话是不对的：所有汽车都比火车慢。

2. 用符号表示下列命题，并判断命题的真值。

（1）所有有理数都能被 2 整除。论域为有理数集合。

（2）所有有理数都能被 2 整除。论域为实数集合。

（3）有的有理数能被 2 整除。论域为有理数集合。

（4）有的有理数能被 2 整除。论域为实数集合。

3. 用符号表示下列命题，论域为实数集合，判断各命题的真值。

（1）对所有的 x，都存在 y，使得 $xy=0$。

（2）存在 x，使得对所有 y，都有 $xy=0$。

（3）对所有的 x，都存在 y，使得 $x=y+2$。

（4）对所有的 x 和 y，都有 $x+y=y+x$。

（5）对任意的 x 和 y，都有 $x-y=y-x$。

（6）对任意的 x，都存在 y，使得 $x^2+y^2<0$。

4. 设 $P(x)$ 表示"x 是语言学家"，$Q(x)$ 表示"x 说法语"。论域是所有人。用文字表示下列命题，并判断命题真值。

（1）$\forall x(P(x)\lor Q(x))$；

（2）$\exists x(P(x)\lor Q(x))$；

（3）$\forall x(P(x)\land Q(x))$；

（4）$\exists x(P(x)\land Q(x))$；

（5）$\forall x(P(x)\to Q(x))$；

（6）$\exists x(P(x)\to Q(x))$；

（7）$\forall x(Q(x)\to P(x))$；

（8）$\exists x(Q(x)\to P(x))$。

5. 设 $P(x,y)$ 表示命题函数 $x<y$，论域是全体正整数集合，判断下列命题的真假。

（1）$\forall x\forall yP(x,y)$；

（2）$\exists x\exists yP(x,y)$；

（3）$\forall x\exists yP(x,y)$；

（4）$\exists x\forall yP(x,y)$。

6. 判断下列命题的真值，论域为实数集合。

（1）$\forall x(x<x^2)$；

（2）$\exists x(x<x^2)$；

（3）$\forall x((x>1)\to(x<x^2))$；

（4）$\exists x((x>1)\to(x<x^2))$；

（5）$\forall x\forall y(x^2<y+2)$；

（6）$\forall x\exists y(x^2<y+2)$；

（7）$\exists x\forall y(x^2<y+2)$；

（8）$\exists x\exists y(x^2<y+2)$；

(9) $\forall x \forall y ((x<y) \rightarrow (x^2<y^2))$;

(10) $\forall x \exists y ((x<y) \rightarrow (x^2<y^2))$;

(11) $\exists x \forall y ((x<y) \rightarrow (x^2<y^2))$;

(12) $\exists x \exists y ((x<y) \rightarrow (x^2<y^2))$。

1.5 论证与推理规则

数理逻辑的主要任务是用数学方法研究推理。推理是指由前提出发推出结论的逻辑过程。前提是已知的命题,也称为假设。结论是由假设得出的命题。由假设和结论组成一个论证。

定义 1.5.1 论证具有形式:

$$如果 \ p_1 \ 且 \ p_2 \cdots 且 \ p_n , 则 \ q$$

记为

$$p_1, p_2, \cdots, p_n / \therefore q$$

或者

$$p_1$$
$$p_2$$
$$\vdots$$
$$p_n$$
$$\overline{\qquad\qquad}$$
$$\therefore q$$

这里符号 $\therefore$ 读作"所以"。命题 $p_1, p_2, \cdots, p_n$ 称为假设或前提,命题 q 称为结论。如果 p_1 且 $p_2 \cdots$ 且 p_n 都为真,q 必为真,则论证过程是有效的;否则论证过程是无效的。

有效的论证,也可以说是结论遵从假设。注意不能直接说结论为真,而只是说如果给定假设,则必能得到结论。论证过程有效是因为其形式,而不是因为其内容。

例 1.5.2 说明论证过程:

$$p \rightarrow q$$
$$p$$
$$\overline{\qquad\qquad}$$
$$\therefore q$$

是有效的。

解 建立真值表如下:

p	q	$p \rightarrow q$	p	q
T	T	T	T	T
T	F	F	T	F
F	T	T	F	T
F	F	T	F	F

可以看出，只要假设 $p \rightarrow q$ 和 p 为真，就有结论 q 为真。所以论证过程是有效的。

有些简明有效的论证，通常被用于大型的论证过程中，可以把它们作为推理规则进行使用。例如例 1.5.2 中的有效论证，其使用十分广泛，被称为假言推理或分离定律。下面列出一些常用的推理规则，可以用真值表验证它们是有效的论证。

（1）假言推理

$$p \rightarrow q$$
$$p$$
$$\overline{\quad\quad\quad}$$
$$\therefore q$$

（2）拒取式

$$p \rightarrow q$$
$$\neg q$$
$$\overline{\quad\quad\quad}$$
$$\therefore \neg p$$

（3）附加

$$p$$
$$\overline{\quad\quad\quad}$$
$$\therefore p \vee q$$

（4）化简

$$p \wedge q$$
$$\overline{\quad\quad\quad}$$
$$\therefore p$$

（5）合取

$$p$$
$$q$$
$$\overline{\quad\quad\quad}$$
$$\therefore p \wedge q$$

（6）假设三段论

$$p \rightarrow q$$
$$q \rightarrow r$$
$$\overline{\quad\quad\quad}$$
$$\therefore p \rightarrow r$$

（7）析取二段论

$$p \vee q$$
$$\neg p$$
$$\overline{\quad\quad\quad}$$
$$\therefore q$$

例 1.5.3 用符号表示论证：

$$如果太阳从西边升起，则 1 = 2$$
$$1 = 2$$
$$\overline{\quad\quad\quad\quad\quad\quad}$$
$$\therefore 太阳从西边升起$$

并说明论证是否有效。

解 令 p:太阳从西边升起,q:$1＝2$。论证写成

$$p \rightarrow q$$
$$q$$
$$\overline{\qquad\qquad}$$
$$\therefore p$$

如果论证是有效的,则当 $p \rightarrow q$ 和 q 为真时,p 必为真。注意到当 p 为假,q 为真时,假设 $p \rightarrow q$ 和 q 都为真,此时,结论 p 为假,所以根据定义,该论证是无效的。该论证中出现的错误称为肯定结论谬误。

注:通过检查真值表也可以确定上例中的论证是否有效:

p	q	$p \rightarrow q$	q	p
T	T	T	T	T
T	F	F	F	T
F	T	T	T	F
F	F	T	F	F

在真值表的第三行,假设 $p \rightarrow q$ 和 q 为真,结论 p 为假,所以论证过程是无效的。

例 1.5.4 证明下面的论证是有效的:

$$p \vee q$$
$$r$$
$$r \rightarrow \neg q$$
$$\overline{\qquad\qquad}$$
$$\therefore p$$

解 由假设 $r \rightarrow \neg q$ 和 r 利用假言推理,得到 $\neg q$。再由 $p \vee q$ 和 $\neg q$ 利用析取三段论,得到 p。因此结论 p 可以由假设推出,因而论证是有效的。

习　题

1. 用符号表示论证:

小明是初三(1)班的学生或者是初三(2)班的学生

小明是三好学生

初三(2)班没有三好学生

$$\overline{\qquad\qquad\qquad\qquad\qquad\qquad}$$

∴小明是初三(1)班的学生

并证明此论证是有效的。

2. 用符号表示论证:

如果你努力学习,则你考试满分。

你努力学习。

$$\overline{\qquad\qquad\qquad\qquad\qquad}$$

∴你考试满分。

并说明论证过程是否有效。

3. 用符号表示论证：

如果你努力学习，则你考试满分。

你考试满分。

∴你努力学习。

并说明论证过程是否有效。

4. 确定下列论证是否有效：

(1)

$$p \rightarrow r$$

$$p \rightarrow q$$

$$\therefore p \rightarrow (q \wedge r)$$

(2)

$$p \rightarrow (r \wedge q)$$

$$r \rightarrow \neg q$$

$$\therefore p \rightarrow r$$

(3)

$$p \rightarrow r$$

$$r \rightarrow q$$

$$\therefore q$$

(4)

$$p \rightarrow r$$

$$r \rightarrow q$$

$$p$$

$$\therefore q$$

5. 说明拒取式是有效的。

6. 说明附加论证是有效的。

7. 说明化简论证是有效的。

8. 说明合取论证是有效的。

9. 说明假设三段论是有效的。

10. 说明析取三段论是有效的。

1.6 证　　明

本节介绍证明的一些方法，在此之前，先引入一些概念。**定理**是被证明为真的命题。**引理**和**推论**是特殊的定理，引理常出现在一个定理之前，它本身并没有太大意义，但可以用来证明其他定理；推论是由一个定理很容易推出的定理。**证明**是构造一个定理的正确性的论证过程。

例如,在欧式几何中,有如下定理:

如果一个三角形的两条边相等,则它们所对应的角相等。

由该定理容易得到推论:

如果一个三角形是等边的,则它是等角的。

又如,对于实数,有如下定理:

对任意的实数 x,y,z,如果 $x<y$ 且 $y<z$,则 $x<z$。

一般来说,定理有如下形式:

$$\text{对所有的 } x_1,x_2,\cdots,x_n,\text{如果 } p(x_1,x_2,\cdots,x_n),\text{则 } q(x_1,x_2,\cdots,x_n)。 \quad (1.6.1)$$

如果对论域中所有的 $x_1,x_2,\cdots,x_n$,条件命题

$$\text{如果 } p(x_1,x_2,\cdots,x_n),\text{则 } q(x_1,x_2,\cdots,x_n) \quad (1.6.2)$$

为真,则全称量词语句(1.6.1)为真。要证明语句(1.6.2),假设 $x_1,x_2,\cdots,x_n$ 为论域中的任意元素。若 $p(x_1,x_2,\cdots,x_n)$ 为假,由条件命题的真值定义知,语句(1.6.2)默认为真。因此只需要考虑 $p(x_1,x_2,\cdots,x_n)$ 为真的情况。

直接证明法是假设 $p(x_1,x_2,\cdots,x_n)$ 为真,然后利用该条件和其他定义、定理等,直接验证 $q(x_1,x_2,\cdots,x_n)$ 为真。

例如,要直接证明

$$\text{对任意偶数 } m \text{ 和 } n,m+n \text{ 是偶数}。$$

假设 m 和 n 是偶数,然后利用该条件和相关的定义、定理来证明 $m+n$ 是偶数。在证明之前,需要清楚偶数的定义。

定义 1.6.1 整数 n 是**偶数**,如果存在一个整数 k,使得 $n=2k$。整数 n 是**奇数**,如果存在一个整数 k,使得 $n=2k+1$。

根据定义,整数 $n=10$ 是偶数,因为存在整数 $k=5$,使得 $n=2k$。整数 $n=3$ 是奇数,因为存在整数 $k=1$,使得 $n=2k+1$。

例 1.6.2 证明

$$\text{对任意偶数 } m \text{ 和 } n,m+n \text{ 是偶数}。$$

证明 设 m 和 n 是任意整数且 m 和 n 都是偶数。下面证明 $m+n$ 是偶数。

因为 m 是偶数,根据定义,存在整数 k_1,使得 $m=2k_1$。

因为 n 是偶数,根据定义,存在整数 k_2,使得 $n=2k_2$。

所以 $m+n=2k_1+2k_2=2(k_1+k_2)$。

因此,存在整数 $k=k_1+k_2$,使得 $m+n=2(k_1+k_2)$。故 $m+n$ 是偶数。

考虑命题:

$$\text{对所有的实数 } x \text{ 和 } y,\text{如果 } x+y\geqslant 0,\text{则 } x\geqslant 0 \text{ 或者 } y\geqslant 0。$$

如果假设 $x+y\geqslant 0$ 为真,然后利用该条件和其他定义、定理来证明 $x\geqslant 0$ 或者 $y\geqslant 0$,会发现很难做到。这时可以采用**反证法**,又称为间接证明法。

用反证法证明语句(1.6.2)是假设 p 为真并且 q 为假,然后利用 p 和 $\neg q$ 以及其他定义、定理等来推出矛盾(形如 $r \wedge \neg r$ 的命题)。与直接证明法相比,反证法多了一个假设,即结论的否定为真。反证法的正确性可以从下面的等值式看出:

$$p \rightarrow q \equiv (p \wedge \neg q) \rightarrow (r \wedge \neg r)$$

该等值式可以通过如下真值表得到:

p	q	r	$p \rightarrow q$	$p \wedge \neg q$	$r \wedge \neg r$	$(p \wedge \neg q) \rightarrow (r \wedge \neg r)$
T	T	T	T	F	F	T
T	T	F	T	F	F	T
T	F	T	F	T	F	F
T	F	F	F	T	F	F
F	T	T	T	F	F	T
F	T	F	T	F	F	T
F	F	T	T	T	F	T
F	F	F	T	F	F	T

例 1.6.3 用反证法证明

对所有的实数 x 和 y,如果 $x+y \geqslant 0$,则 $x \geqslant 0$ 或者 $y \geqslant 0$。

证明 假设 x 和 y 为任意的实数,采用反证法,假设 $x+y \geqslant 0$ 为真,且 $\neg(x \geqslant 0 \vee y \geqslant 0)$ 为真。

根据 De Morgan 律,

$$\neg(x \geqslant 0 \vee y \geqslant 0) \equiv \neg(x \geqslant 0) \wedge \neg(y \geqslant 0) \equiv (x < 0) \wedge (y < 0)$$

即假设 $x < 0$ 并且 $y < 0$。于是

$$x + y < 0 + 0 = 0$$

与假设 $x+y \geqslant 0$ 矛盾。因此得到结论,命题为真。

在上例的证明过程中,推出了 $\neg p$,即证明了

$$\neg q \rightarrow \neg p$$

事实上,可以通过证明 $\neg q \rightarrow \neg p$ 来证明 $p \rightarrow q$,这就是**逆否证明法**。它是反证法的特例,其正确性可以从以下等值式看出:

$$p \rightarrow q \equiv \neg q \rightarrow \neg p$$

例 1.6.4 用逆否证明法证明

对所有整数 n,如果 n^2 是奇数,则 n 是奇数。

证明 假设 n 是任意的整数。命题

如果 n^2 是奇数,则 n 是奇数

的逆否命题为

如果 n 不是奇数,则 n^2 不是奇数

即

如果 n 是偶数,则 n^2 是偶数。

假设 n 是偶数,则存在整数 k,使得 $n = 2k$。所以 $n^2 = (2k)^2 = 2(2k)^2$。因为存在整数 $(2k)^2$,使得 $n^2 = 2(2k)^2$,所以 n^2 是偶数。

下面考虑命题

对每个实数 $x, x \leqslant |x|$

注意到 $|x|$ 是分情况定义的,当 $x \geqslant 0$ 时,$|x| = x$;当 $x < 0$ 时,$|x| = -x$。因此在证明的过程中,可以分情况讨论,即采用**分情况证明法**。例如,实数 x 可以分成两种情况:(1) $x \geqslant 0$;(2) $x < 0$。

要证明命题 $p \to q$，如果 p 可以分为 n 种情况 $p_1, p_2, \cdots, p_n$，即 p 等价于 $p_1 \vee p_2 \vee \cdots \vee p_n$，则可以用分情况证明法，通过证明

$$(p_1 \to q) \wedge (p_2 \to q) \wedge \cdots \wedge (p_n \to q) \tag{1.6.3}$$

来证明

$$(p_1 \vee p_2 \vee \cdots \vee p_n) \to q \tag{1.6.4}$$

可以证明，上面的两个命题是等价的。

如果假设有一个 p_j 为真，则 $p_1 \vee p_2 \vee \cdots \vee p_n$ 为真。如果 q 为真，则命题 (1.6.4) 为真。由于 p_j 为真，q 为真，所以 $p_j \to q$ 为真；由于 $p_k, k \neq j$ 为假，q 为真，所以 $p_k \to q$ 默认为真；故对任意的 $i, 1 \leqslant i \leqslant n$，$p_i \to q$ 为真，从而命题 (1.6.3) 为真。如果 q 为假，则命题 (1.6.4) 为假。由于 $p_j \to q$ 为假，所以命题 (1.6.3) 为假。

如果假设对任意的 $i, 1 \leqslant i \leqslant n, p_i$ 都为假，则命题 (1.6.3) 和命题 (1.6.4) 都为真。

不论哪种情况，命题 (1.6.3) 和命题 (1.6.4) 都同时为真或同时为假，因此它们是等价的。

例 1.6.5 用分情况证明法证明

$$\text{对每个实数 } x, x \leqslant |x|。$$

证明 下面用分情况证明法进行证明。

情况 1. 假设 $x \geqslant 0$。于是 $x = |x|$，故 $x \leqslant |x|$。

情况 2. 假设 $x < 0$。于是 $|x| = -x$。由 $|x| = -x > 0$ 和 $0 > x$，得到 $x \leqslant |x|$。

各种情况下都有 $x \leqslant |x|$，所以命题为真。

有时，定理具有如下形式：

$$p \text{ 当且仅当 } q。$$

这时，可以利用等价关系

$$p \leftrightarrow q \equiv (p \to q) \wedge (q \to p)$$

来证明，称为**等价证明法**。

例 1.6.6 证明对于所有整数 n, n 是奇数当且仅当 $n+1$ 是偶数。

证明 假设 n 为任意整数，需要证明

$$\text{如果 } n \text{ 是奇数，则 } n+1 \text{ 是偶数}$$

和

$$\text{如果 } n+1 \text{ 是偶数，则 } n \text{ 是奇数。}$$

首先证明

$$\text{如果 } n \text{ 是奇数，则 } n+1 \text{ 是偶数。}$$

因为 n 是奇数，所以存在整数 k，使得 $n = 2k+1$。因此

$$n+1 = (2k+1)+1 = 2(k+1)$$

故 $n+1$ 是偶数。

下面证明

$$\text{如果 } n+1 \text{ 是偶数，则 } n \text{ 是奇数。}$$

因为 $n+1$ 是偶数，所以存在整数 k，使得 $n+1 = 2k$。因此

$$n = (n+1)-1 = 2k-1 = 2(k-1)+1$$

故 n 是奇数。证毕。

上例是证明命题 p 和 q 等价,有时要证明两个以上的命题 $p_1,p_2,\cdots,p_n$ 等价,例如证明以下命题是等价的:

$$(a)\cdots;(b)\cdots;(c)\cdots;\cdots$$

这时,可以通过证明

$$(p_1\rightarrow p_2)\wedge(p_2\rightarrow p_3)\wedge\cdots\wedge(p_{n-1}\rightarrow p_n)\wedge(p_n\rightarrow p_1) \tag{1.6.5}$$

来证明

$$p_1,p_2,\cdots,p_n \ \text{等价} \tag{1.6.6}$$

下面说明命题(1.6.5)和命题(1.6.6)的等价性。

如果命题(1.6.5)为真,考虑两种情况: p_1 为真; p_1 为假。

假设 p_1 为真,由于 $p_1\rightarrow p_2$ 为真,所以 p_2 为真。由于 p_2 和 $p_2\rightarrow p_3$ 为真,所以 p_3 为真。依次进行,可得 $p_1,p_2,\cdots,p_n$ 都为真。

假设 p_1 为假,由于 $p_n\rightarrow p_1$ 为真,所以 p_n 为假。由于 p_n 为假, $p_{n-1}\rightarrow p_n$ 为真,所以 p_{n-1} 为假。依次进行,可得 $p_1,p_2,\cdots,p_n$ 都为假。

在两种情况下, $p_1,p_2,\cdots,p_n$ 都同时为真或同时为假。因此,证明命题(1.6.5),就表明了 $p_1,p_2,\cdots,p_n$ 是等价的。

回忆前面讲的存在量词语句

$$\exists xP(x)$$

要证明该命题为真,只需在论域中找到一个 x 使得 $P(x)$ 为真即可,这种证明方法称为**存在性证明**。

例 1.6.7 设 A,B,C 为三个集合,证明以下命题是等价的:

(a) $A\cup B=B$;   (b) $A\subseteq B$;   (c) $A\cap B=A$。

证明 只需证明 $(a)\rightarrow(b),(b)\rightarrow(c),(c)\rightarrow(a)$。

[$(a)\rightarrow(b)$]假设 $A\cup B=B$,证明 $A\subseteq B$。令 x 是 A 的任意一个元素,下证 $x\in B$。因为 $x\in A$,由并集的定义知, $x\in A\cup B$。因为 $A\cup B=B$,所以 $x\in B$。

[$(b)\rightarrow(c)$]假设 $A\subseteq B$,证明 $A\cap B=A$。

令 $x\in A\cap B$,下证 $x\in A$。因为 $x\in A\cap B$,由交集的定义知, $x\in A$。

令 $x\in A$,下证 $x\in A\cap B$。因为 $x\in A$ 且 $A\subseteq B$,所以 $x\in B$。因为 $x\in A$ 且 $x\in B$,由交集的定义知, $x\in A\cap B$。

[$(c)\rightarrow(a)$]假设 $A\cap B=A$,证明 $A\cup B=B$。

令 $x\in A\cup B$,下证 $x\in B$。因为 $x\in A\cup B$,由并集的定义知 $x\in A$ 或 $x\in B$。若 $x\in B$ 得证。若 $x\in A$,因为 $A\cap B=A$,所以 $x\in A\cap B$,故 $x\in B$。

令 $x\in B$,下证 $x\in A\cup B$。因为 $x\in B$,由并集的定义知, $x\in A\cup B$。

证毕。

例 1.6.8 设 a,b 为实数,且 $a<b$,证明存在实数 x,使得 $a<x<b$。

证明 令实数 $x=\dfrac{a+b}{2}$,显然满足 $a<x<b$。证毕。

上例中的存在性证明是构造性的。有时,对于存在量词语句 $\exists xP(x)$,构造不出某一个 x 使得 $P(x)$ 为真,比如下例,这时可以结合反证法,进行非构造性的证明。

例 1.6.9 对任意实数 $a_1,a_2,\cdots,a_n$,令

$$A = \frac{a_1 + a_2 + \cdots + a_n}{n}$$

证明存在 i 使得 $a_i \leqslant A$。

证明 用反证法,假设结论的否定

$$\neg(\exists i a_i \leqslant A)$$

为真。

由 De Morgan 律知,

$$\neg(\exists i, a_i \leqslant A) \equiv \forall i \ \neg(a_i \leqslant A)$$

即假设

$$\forall i \ \neg(a_i \leqslant A) \quad \text{或} \quad \forall i (a_i > A)$$

为真。于是由

$$a_1 > A, a_2 > A, \cdots, a_n > A$$

相加得

$$a_1 + a_2 + \cdots + a_n > nA$$

即

$$A < \frac{a_1 + a_2 + \cdots + a_n}{n}$$

与假设

$$A = \frac{a_1 + a_2 + \cdots + a_n}{n}$$

矛盾。因此结论为真,证毕。

习 题

1. 证明对所有整数 m 和 n,如果 m 和 n 都是偶数,则 mn 是偶数。

2. 证明对所有整数 m 和 n,如果 m 和 n 都是奇数,则 mn 是奇数。

3. 证明对所有整数 m 和 n,如果 m 是奇数,n 是偶数,则 mn 是偶数。

4. 证明对所有实数 a, b, d, x,如果 $d = \max\{a, b\}$,且 $x > d$,则 $x > a$ 且 $x > b$。

5. 对任意实数 $a_1, a_2, \cdots, a_n$,令

$$A = \frac{a_1 + a_2 + \cdots + a_n}{n}$$

证明存在 i 使得 $a_i \geqslant A$。

6. 对任意实数 $a_1, a_2, \cdots, a_n$,令

$$A = \frac{a_1 + a_2 + \cdots + a_n}{n}$$

证明或反驳:存在 i 使得 $a_i > A$。

7. 对任意实数 $a_1, a_2, \cdots, a_n$,令

$$A = \frac{a_1 + a_2 + \cdots + a_n}{n}$$

假设存在 i 使得 $a_i > A$，证明或反驳：存在 j 使得 $a_j < A$。

8. 证明对任意实数 x 和 y，$|xy| = |x||y|$。

9. 证明对任意实数 x 和 y，$|x+y| \leqslant |x| + |y|$。

10. 证明对任意实数 x 和 y，$\max\{x,y\} + \min\{x,y\} = x+y$。

11. 证明对任意实数 x 和 y，$\max\{x,y\} = (x+y+|x-y|)/2$。

12. 证明对任意实数 x 和 y，$\min\{x,y\} = (x+y-|x-y|)/2$。

13. 证明 $\sqrt[3]{2}$ 是无理数。

14. 定义实数 x 的符号函数 $\mathrm{sgn}(x)$ 为 $\mathrm{sgn}(x) = \begin{cases} 1, & x>0 \\ 0, & x=0 \\ -1, & x<0 \end{cases}$，证明对任意实数 x，

$|x| = \mathrm{sgn}(x)x$。

15. 证明 $2m + 5n^2 = 20$ 没有正整数解。

16. 证明 $m^3 + 2n^2 = 36$ 没有正整数解。

17. 证明对所有整数，$n^3 + n$ 是偶数。

18. 证明下面的语句对所有整数 n 是等价的：

(1) n 是奇数。

(2) 存在整数 k，使得 $n = 2k+1$。

(3) $n^2 + 1$ 是偶数。

第 2 章

二元关系与函数

数学和依赖于数学的学科都离不开函数、序列和关系。关系是比函数更一般的概念。

2.1 关　　系

从一个集合到另一个集合的**关系**，可以看作是由第一个集合中的元素和第二个集合中的相关元素构成的表格。例如，表 2.1.1 是学生和所选专业的一个表格，其中小明选了物理专业，小红选了数学专业。这个表格是一个关系，可以说，小明与物理专业相关，小红与数学专业相关。其实表格的每一行都可以写成一个有序对的形式，那么关系可以定义为有序对的集合。

表 2.1.1　学生与所选专业的关系

学生	专业
小明	物理
小红	数学
小美	文学
小文	数学
小武	计算机科学

定义 2.1.1　从集合 X 到集合 Y 的**二元关系** R 是笛卡儿积 $X \times Y$ 的一个子集。如果有序对 $(x,y) \in R$，则称 x 与 y 相关，可记作 xRy。如果有序对 $(x,y) \notin R$，则记作 $x\cancel{R}y$。特别地，如果 $X=Y$，则称 R 是集合 X 上的一个二元关系。

二元关系也可简称为关系。

例 2.1.2　令 $X=\{$小明，小红，小美，小文，小武$\}$，$Y=\{$物理，数学，文学，计算机科学$\}$，则表 2.1.1 表示的关系可写成

　　$R=\{($小明，物理$)$，$($小红，数学$)$，$($小美，文学$)$，$($小文，数学$)$，$($小武，计算机科学$)\}$。

这里（小明，物理）$\in R$，可以记为小明 R 物理。

上例是通过直接给出关系 R 中的有序对来定义关系的。下面看一下如何通过关系成员所满足的规则来定义关系。

例 2.1.3　令 $X=\{1,2,3\}$，$Y=\{2,3,4,5\}$，定义 X 到 Y 的关系

$$R=\{(x,y)\,|\,x \text{ 是 } y \text{ 的倍数}\}。$$

如果将 R 写成有序对集合的形式,有
$$R=\{(2,1),(2,2),(3,1),(4,1),(4,2),(5,1)\}.$$
如果将 R 写成表格的形式,有

X	Y
2	1
2	2
3	1
4	1
4	2
5	1

例 2.1.4 令 $X=\{1,2,3,4\}$,定义 X 上的一个关系
$$R=\{(x,y)\,|\,x<y\}。$$

将 R 写成有序对集合的形式,有
$$R=\{(1,2),(1,3),(1,4),(2,3),(2,4),(3,4)\}。$$

关系除用上述的集合表达式给出外,还可以通过有向图来给出。有向图将在第 7 章图论中进行详细介绍,这里只介绍与关系有关的内容。有向图 $G=(V,E)$ 由顶点集合 V 和有向边集合 E 构成。例如,$V=\{a,b,c,d\}$,$E=\{(a,b),(a,d),(b,b),(b,d),(c,a),(c,b),(d,b)\}$,则有向图 $G=(V,E)$ 如图 2.1.1 所示。其中有序对 (b,b) 对应于一条从 b 到 b 的有向边,这样的有向边称为圈。

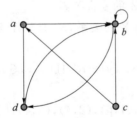

图 2.1.1 有向图 G

显然,任何一个定义在集合 X 上的关系 R,都可以用有向图 $G=(X,R)$ 来表示,X 作为顶点集合,R 作为有向边集合。另一方面,任何一个有向图 $G=(V,E)$,对应着一个定义在集合 V 上的关系,关系由 E 中所有的有序对组成。这个一对一的对应关系使得任何关于关系的语句都可以用在有向图上,反之亦然。

例 2.1.5 图 2.1.2 中的有向图给出了集合 $X=\{1,2,3\}$ 上的关系
$$R=\{(1,1),(1,2),(1,3),(2,2),(2,3),(3,3)\}。$$

通常集合 X 上不同关系的数量依赖于 X 的基数。如果 $|X|=n$,则 $|X\times X|=n^2$。注意到 $X\times X$ 的子集有 2^{n^2} 个,每一个子集代表 X 上的一个二元关系,所以 X 上有 2^{n^2} 个不同的二元关系。例如,$X=\{a,b,c\}$,则 X 上可以定义 $2^{3^2}=512$ 个不同的二元关系。

对于任何集合 X 都有三种特殊的关系:

(1) 空关系 $\varnothing$,即空集 $\varnothing$,因为 $\varnothing$ 是任何集合的子集,当然也是 $X\times X$ 的子集。

(2) 全域关系 $E_X = \{(x, y) \mid x \in X \wedge y \in X\} = X \times X$。

(3) 恒等关系 $I_X = \{(x, x) \mid x \in X\}$。

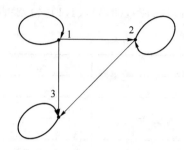

图 2.1.2　例 2.1.5 中关系 R 的有向图

如果 R 是从 X 到 Y 的一个关系,交换 R 中每个有序对的顺序可以定义一个从 Y 到 X 的关系。

定义 2.1.6　设 R 是从 X 到 Y 的关系,R 的逆,记为 R^{-1},是从 Y 到 X 的关系
$$R^{-1} = \{(y, x) \mid (x, y) \in R\}$$

例 2.1.7　设 $X = \{2, 3, 4\}$,$Y = \{3, 4, 5, 6, 7\}$,定义一个从 X 到 Y 的关系 $R = \{(x, y) \mid x$ 整除 $y\}$。可以得到
$$R = \{(2, 4), (2, 6), (3, 3), (3, 6), (4, 4)\}$$
R 的逆为
$$R^{-1} = \{(4, 2), (6, 2), (3, 3), (6, 3), (4, 4)\}$$
可以看出,关系 R 表示 x 整除 y,逆 R^{-1} 表示 y 被 x 整除。

如果有一个从 X 到 Y 的关系 R_1,和一个从 Y 到 Z 的关系 R_2,则可以先应用关系 R_1,再应用关系 R_2,来构造一个从 X 到 Z 的复合关系。

定义 2.1.8　设 R_1 是从 X 到 Y 的关系,R_2 是从 Y 到 Z 的关系。R_1 与 R_2 的复合,记为 $R_2 \circ R_1$,是从 X 到 Z 的关系
$$R_2 \circ R_1 = \{(x, z) \mid (x, y) \in R_1 \text{ 且 } (y, z) \in R_2, \text{对某个 } y \in Y\}$$

例 2.1.9　设关系
$$R_1 = \{(1, 2), (1, 6), (2, 4), (3, 4), (3, 6), (3, 8)\}$$
关系
$$R_2 = \{(4, a), (4, b), (6, b), (8, c)\}$$
则它们的复合为
$$R_2 \circ R_1 = \{(2, a), (2, b), (3, a), (3, b), (3, c)\}$$

注意,由于关系是集合,所以有关集合的并、交、补等运算也可以作用于关系。例如,给定关系 R 和 S,那么 $R \cup S, R \cap S, R - S, \overline{R}$ 也都是关系。

习　　题

1. 将下列关系写成有序对集合的形式。

(1) 定义在 $\{1, 2, 3, 4\}$ 上的关系 R:如果 $y^2 < x$,则 $(x, y) \in R$。

(2) 定义在$\{1,2,3,4,5,6\}$上的关系 R：如果 $x=2y$，则 $(x,y)\in R$。

2. 将下列表格形式的关系写成有序对集合的形式。

(1)

3010	数学
3011	物理
3012	化学
3013	生物

(2)

X	红色
Y	黄色
Z	蓝色

3. 将下列关系写成表格形式。

(1) $R=\{(红色,苹果),(黄色,香蕉),(绿色,西瓜),(绿色,苹果)\}$

(2) $R=\{(c,6),(b,2),(a,3),(a,1)\}$

4. 将下列关系写成有序对集合的形式。

(1)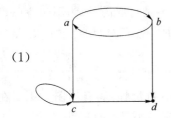

(2)

5. 画出下列关系的有向图。

(1) $X=\{1,2,3,4,5,6\}$上的关系 R：如果 $x=2y$，则 $(x,y)\in R$。

(2) $X=\{1,2,3,4\}$上的关系 $R=\{(1,2),(2,3),(3,4),(4,1)\}$。

(3) $R=\{(c,6),(b,2),(a,3),(a,1)\}$

(4) $X=\{1,2,3,4\}$上的关系 R：如果 $x^2\geqslant y$，则 $(x,y)\in R$。

6. 写出下列关系的逆。

(1) $X=\{1,2,3,4\}$上的关系 $R=\{(1,2),(2,3),(3,4),(4,1)\}$。

(2) $X=\{1,2,3,4,5,6\}$上的关系 R：如果 $x=2y$，则 $(x,y)\in R$。

(3) $X=\{1,2,3,4,5\}$上的关系 R：如果 $x+y$ 整除 3，则 $(x,y)\in R$。

(4) $X=\{1,2,3,4\}$上的关系 R：如果 $x+2y>4$，则 $(x,y)\in R$。

7. 设 R_1 和 R_2 是$\{1,2,3,4\}$上的关系，定义 $R_1=\{(1,1),(1,2),(3,4),(4,2)\}$，$R_2=\{(2,1),(3,1),(4,4),(2,2)\}$。列出 $R_1\circ R_2$ 和 $R_2\circ R_1$ 的元素。

2.2 关系的性质

从 2.1 节可以看到,在很小的集合上就可以定义很多不同的关系。例如,在 3 个元素的集合上可以定义 512 个不同的关系,而在 4 个元素的集合上可以定义 65 536 个不同的关系。但其实真正有实际意义的只有很少的一部分,这些关系一般具有某些性质。下面介绍几种主要的性质,包括自反性、反自反性、对称性、反对称性和传递性。

定义 2.2.1 设 R 是集合 X 上的关系,如果对每个 $x \in X$,都有 $(x,x) \in R$,那么称 R 具有**自反性**。

定义 2.2.2 设 R 是集合 X 上的关系,如果对每个 $x \in X$,都有 $(x,x) \notin R$,那么称 R 具有**反自反性**。

例 2.2.3 设 $X = \{1,2,3,4\}$,令

$$R_1 = \{(1,1),(1,2),(2,3),(3,3),(4,4)\}$$
$$R_2 = \{(1,1),(2,2),(2,3),(3,3),(4,4)\}$$
$$R_3 = \{(1,1),(2,2),(3,3)\}$$
$$R_4 = \{(1,2),(2,4),(1,3)\}$$

由自反性的定义可知,R_1 不是自反的,因为不包含 $(2,2)$;R_2 是自反的,因为包含 $(1,1)$,$(2,2)$,$(3,3)$,$(4,4)$;R_3 不是自反的,因为不包含 $(4,4)$;R_4 不是自反的,因为不包含 $(1,1)$,$(2,2)$,$(3,3)$,$(4,4)$。类似地,由反自反性的定义可知,R_1,R_2,R_3 不是反自反的,R_4 是反自反的。

关系是否具有自反性也可以从关系的有向图表示看出。如果关系具有自反性,则其有向图的每个顶点上都有圈。例如,例 2.1.5 中的关系 R 具有自反性,其有向图 2.1.2 在每个顶点上都有圈。反之,如果在有向图中有顶点上无圈,则关系不具有自反性。

定义 2.2.4 设 R 是集合 X 上的关系,如果对所有的 $x,y \in X$,若 $(x,y) \in R$,则 $(y,x) \in R$,那么称 R 具有**对称性**。

定义 2.2.5 设 R 是集合 X 上的关系,如果对所有的 $x,y \in X$,若 $(x,y) \in R$ 且 $(y,x) \in R$,则 $x = y$,那么称 R 具有**反对称性**。

由于反对称性的定义

$$\text{若}(x,y) \in R \text{ 且}(y,x) \in R,\text{则 } x = y$$

等价于其逆否形式

$$\text{若 } x \neq y,\text{则}(x,y) \notin R \text{ 或}(y,x) \notin R,$$

有时也可以从这个逆否形式的定义来判断关系是否是反对称的。

例 2.2.6 设 $X = \{1,2,3,4\}$,令

$$R_1 = \{(1,1),(1,2),(2,1),(3,3),(4,4)\}$$
$$R_2 = \{(1,3),(3,2),(2,1)\}$$
$$R_3 = \{(3,3),(4,4),(1,4)\}$$
$$R_4 = \{(1,1)\}$$

根据定义,R_1 是对称的,R_2 是反对称的,R_3 是反对称的,R_4 既是对称的,也是反对称

的。R_4 是反对称的,是因为 R_4 中不含形如 (x,y) 且 $x\neq y$ 的元素,所以命题

$$若 x\neq y,则 (x,y)\notin R 或 (y,x)\notin R$$

对每个 $x,y\in X$ 默认为真。由此可以看出,一个关系可以同时具有对称性和反对称性。反对称性并不是对称性的否定。

关系是否具有对称性也可以从关系的有向图表示中看出,如果关系具有对称性,则在其有向图中,只要有从 v 到 w 的有向边,则也有从 w 到 v 的有向边。例如,例 2.1.11 中的 $R_1=\{(1,1),(1,2),(2,1),(3,3),(4,4)\}$,它的有向图如图 2.2.1 所示。

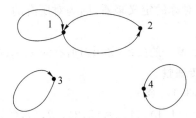

图 2.2.1　例 2.1.11 中关系 R_1 的有向图

类似地,反对称关系的有向图有如下特点:任何两个不同顶点间至多有一条有向边。例如,例 2.1.11 中的 $R_2=\{(1,3),(3,2),(2,1)\}$,它的有向图如图 2.2.2 所示。

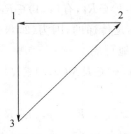

图 2.2.2　例 2.1.11 中关系 R_2 的有向图

关系 R 是对称的,可以用形式化的语言写成

$$\forall x\forall y[(x,y)\in R]\to[(y,x)\in R] \tag{2.2.1}$$

那么关系 R 不是对称的,即

$$\neg[\forall x\forall y[(x,y)\in R]\to[(y,x)\in R]] \tag{2.2.2}$$

运用广义 De Morgan 律和等价式 $\neg(p\to q)\equiv p\wedge\neg q$,(2.2.2)等价于

$$\exists x\exists y[[(x,y)\in R]\wedge\neg[(y,x)\in R]]$$

$$\exists x\exists y[[(x,y)\in R]\wedge[(y,x)\notin R]]$$

因此,如果存在 $x,y\in X$,使得 $(x,y)\in R$ 而 $(y,x)\notin R$,则关系 R 就不是对称的。

关系 R 是反对称的,用形式化的语言写成

$$\forall x\forall y[(x,y)\in R\wedge(y,x)\in R]\to x=y \tag{2.2.3}$$

那么关系 R 不是反对称的,即

$$\neg[\forall x\forall y[(x,y)\in R\wedge(y,x)\in R]\to x=y] \tag{2.2.4}$$

运用广义 De Morgan 律和等价式 $\neg(p\to q)\equiv p\wedge\neg q$,(2.2.4)等价于

$$\exists x\exists y[[(x,y)\in R\wedge(y,x)\in R]\wedge\neg[x=y]]$$

或
$$\exists x \exists y[(x,y)\in R \land (y,x)\in R \land [x\neq y]]$$
因此,如果存在 $x,y\in X,x\neq y$,使得 $(x,y)\in R$ 且 $(y,x)\in R$,则关系 R 不是反对称的。

例 2.2.7 设 $X=\{1,2,3,4\}$,令 $R=\{(x,y)\,|\,x\leqslant y,x,y\in X\}$。

R 不是对称的。例如,$(1,2)\in R$,但 $(2,1)\notin R$。从关系的有向图来看,有从 1 到 2 的有向边,但没有从 2 到 1 的有向边。

R 是反对称的,因为对所有的 $x,y\in X$,如果 $(x,y)\in R$ 且 $(y,x)\in R$,即 $x\leqslant y$ 且 $y\leqslant x$,则 $x=y$。也可以从等价的反对称的定义来看,因为对所有的 $x,y\in X$,若 $x\neq y$,则 $(x,y)\notin R$ 或 $(y,x)\notin R$,即 $x>y$ 或 $y>x$。

定义 2.2.8 设 R 是集合 X 上的关系,如果对所有的 $x,y,z\in X$,若 $(x,y)\in R$ 且 $(y,z)\in R$,则 $(x,z)\in R$,那么称 R 具有**传递性**。

例 2.2.9 设 $X=\{1,2,3,4\}$,令
$$R_1=\{(1,1),(1,2),(2,2),(2,1),(3,3)\}$$
$$R_2=\{(1,3),(3,2),(2,1)\}$$
$$R_3=\{(2,4),(4,3),(2,3),(4,1)\}$$

根据定义,显然对 $x=y$ 或 $y=z$ 的情况不需进行验证,自然满足 $(x,z)\in R$。可以判断,R_1 是传递的,因为 $(1,2)\in R_1$ 且 $(2,1)\in R_1$,有 $(1,1)\in R_1$。R_2 不是传递的,因为 $(1,3)\in R_2$ 且 $(3,2)\in R_2$,但 $(1,2)\notin R_2$。R_3 不是传递的,因为 $(2,4)\in R_3$ 且 $(4,1)\in R_3$,但 $(2,1)\notin R_3$。

关系 R 是传递的,可以形式化地写成
$$\forall x \forall y \forall z[(x,y)\in R \land (y,z)\in R]\rightarrow[(x,z)\in R] \qquad (2.2.5)$$
那么关系 R 不是传递的,即
$$\neg[\forall x \forall y \forall z[(x,y)\in R \land (y,z)\in R]\rightarrow[(x,z)\in R]] \qquad (2.2.6)$$
运用广义 De Morgan 律和等价式 $\neg(p\rightarrow q)\equiv p \land \neg q$,(2.2.6)等价于
$$\exists x \exists y \exists z[[(x,y)\in R \land (y,z)\in R] \land \neg[(x,z)\in R]]$$
或
$$\exists x \exists y \exists z[(x,y)\in R \land (y,z)\in R \land (x,z)\notin R]$$
因此,如果存在 $x,y,z\in X$,使得 $(x,y)\in R$ 且 $(y,z)\in R$,但 $(x,z)\notin R$,则关系 R 不是传递的。

习　　题

1. 设下列关系定义在集合 $\{1,2,3,4\}$ 上,判断下列关系是否具有自反性、反自反性、对称性、反对称性和传递性。

(1) $\{(1,1),(2,2),(3,3)\}$;

(2) $\{(1,1),(2,2),(3,3),(4,4),(1,3),(3,1)\}$;

(3) $\{(x,y)\,|\,2\leqslant x\leqslant 4,1\leqslant y\leqslant 3\}$;

(4) $\{(x,y)\,|\,1\leqslant x\leqslant 4,1\leqslant y\leqslant 4\}$;

(5) $\{(x,y)\,|\,2\text{ 整除 }x-y\}$;

（6）$\{(x,y)\mid 3$ 整除 $x+y\}$。

2. 判断下列定义在正整数集合上的关系是否具有自反性、反自反性、对称性、反对称性和传递性。

（1）$\{(x,y)\mid 2$ 整除 $x-y\}$；

（2）$\{(x,y)\mid 3$ 整除 $2x+y\}$；

（3）$\{(x,y)\mid x=y\}$；

（4）$\{(x,y)\mid x\leqslant y\}$。

3. 设 R 和 S 是 X 上的关系。判断下列语句是否成立。如果语句成立，则证明它；如果语句不成立，则给出一个反例。

（1）如果 R 和 S 是传递的，则 $R\cup S$ 是传递的。

（2）如果 R 和 S 是传递的，则 $R\cap S$ 是传递的。

（3）如果 R 和 S 是传递的，则 $R\circ S$ 是传递的。

（4）如果 R 是传递的，则 R^{-1} 是传递的。

（5）如果 R 和 S 是自反的，则 $R\cup S$ 是自反的。

（6）如果 R 和 S 是自反的，则 $R\cap S$ 是自反的。

（7）如果 R 和 S 是自反的，则 $R\circ S$ 是自反的。

（8）如果 R 是自反的，则 R^{-1} 是自反的。

（9）如果 R 和 S 是对称的，则 $R\cup S$ 是对称的。

（10）如果 R 和 S 是对称的，则 $R\cap S$ 是对称的。

（11）如果 R 和 S 是对称的，则 $R\circ S$ 是对称的。

（12）如果 R 是对称的，则 R^{-1} 是对称的。

（13）如果 R 和 S 是反对称的，则 $R\cup S$ 是反对称的。

（14）如果 R 和 S 是反对称的，则 $R\cap S$ 是反对称的。

（15）如果 R 和 S 是反对称的，则 $R\circ S$ 是反对称的。

（16）如果 R 是反对称的，则 R^{-1} 是反对称的。

2.3　等价关系和偏序关系

本节讨论两种重要的关系：等价关系和偏序关系。它们具有良好的性质和非常广泛的应用。

在定义等价关系前，先考虑如下问题。假设集合 X 由 9 个球组成，这些球分别为红色、黄色和蓝色。如果根据颜色将球分为三个集合 R,Y 和 B，则集族 $\{R,Y,B\}$ 是 X 的一个划分。划分的定义在第 1.1 节中：集合 X 的一个划分是 X 的非空子集的集族$\mathcal{S}$，使得 X 的每个元素仅属于$\mathcal{S}$的一个成员。

根据上述划分$\mathcal{S}$，可以定义一个关系 R，xRy 当且仅当对某一集合 $S\in\mathcal{S}$，$x,y\in S$。容易证明关系 R 是自反的、对称的和传递的。

定义 2.3.1　设 R 是非空集合 X 上的关系，如果 R 是自反的、对称的和传递的，则称 R 是 X 上的**等价关系**。

例 2.3.2 设集合 $X=\{1,2,3,4,5,6\}$,则
$$\mathcal{S}=\{\{1,3,5\},\{2,6\},\{4\}\}$$
是 X 的一个划分。若定义关系 R 为 xRy 当且仅当对某一集合 $S\in\mathcal{S}$,$x,y\in S$,则
$$R=\{(1,1),(1,3),(1,5),(3,1),(3,3),(3,5),(5,1),(5,3),(5,5),(2,2),(2,6),$$
$$(6,2),(6,6),(4,4)\}.$$
可以直接验证 R 是自反的、对称的和传递的。因此,关系 R 是集合 X 上的一个等价关系。R 的有向图如图 2.3.1 所示。从图中也可以看出 R 是自反的,因为每个顶点上都有一个圈;R 是对称的,因为对每条从 x 到 y 的有向边都有一条从 y 到 x 的有向边;R 是传递的,因为如果有一条从 x 到 y 的有向边和一条从 y 到 z 的有向边,就有一条从 x 到 z 的有向边。

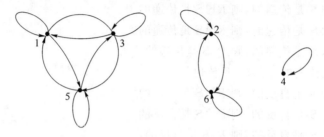

图 2.3.1　例 2.3.2 中关系 R 的有向图

例 2.3.3 设集合 $X=\{1,2,3,4\}$,令 X 上的关系 $R=\{(x,y)|x\leqslant y\}$,则关系 R 是自反的,因为对所有的 $x\in X,x\leqslant x$,故 $(x,x)\in R$;关系 R 是传递的,因为对所有的 $x,y,z\in X$,若 $x\leqslant y$ 且 $y\leqslant z$,则 $x\leqslant z$,即由 $(x,y)\in R$ 且 $(y,z)\in R$,有 $(x,z)\in R$;关系 R 不是对称的,例如,$(1,2)\in R$ 但 $(2,1)\notin R$。因此,R 不是等价关系。

例 2.3.4 设集合 $X=\{1,2,3,4,5,6,7,8\}$,关系 $R=\{(x,y)|x,y\in X\wedge x\equiv y(\bmod 3)\}$,其中 $x\equiv y(\bmod 3)$ 表示 $x-y$ 可以被 3 整除。可以验证关系 R 是集合 X 上的等价关系,因为

- 对所有的 $x\in X$,有 $x\equiv x(\bmod 3)$,即 R 是自反的;
- 对所有的 $x,y\in X$,若 $x\equiv y(\bmod 3)$,则有 $y\equiv x(\bmod 3)$,即 R 是对称的;
- 对所有的 $x,y,z\in X$,若 $x\equiv y(\bmod 3)$ 且 $y\equiv z(\bmod 3)$,则有 $x\equiv z(\bmod 3)$,即 R 是传递的。

例 2.3.4 中关系 R 的有向图如图 2.3.2 所示。可以看到,有向图被分成了三个互不连通的部分,每一部分中的任意一对顶点之间都有一条有向边,不同部分的顶点之间没有边。事实上,每一部分中的所有顶点构成了一个等价类。

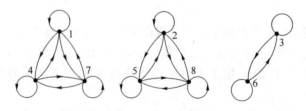

图 2.3.2　例 2.3.4 中关系 R 的有向图

定义 2.3.5 设 R 是非空集合 X 上的等价关系,对于任意的 $a\in X$,令
$$[a]_R=\{x\in X|xRa\}$$

则称$[a]_R$是a关于R的**等价类**,简称为a的等价类,简记为$[a]$。

由定义2.3.5可知,a的等价类是集合X中所有a与等价的元素构成的集合。根据例2.3.4中的关系R,可以写出X中每个元素的等价类:
$$[1]=[4]=[7]=\{1,4,7\}$$
$$[2]=[5]=[8]=\{2,5,8\}$$
$$[3]=[6]=\{3,6\}$$
对于这个关系来说,等价指的是"被3除的余数相同"。根据定义,这里的符号$[1]$,$[4]$,$[7]$表示的是同一个集合$\{1,4,7\}$,$[2]$,$[5]$,$[8]$表示的是同一个集合$\{2,5,8\}$,$[3]$,$[6]$表示的是同一个集合$\{3,6\}$,这三个集合构成了X的一个划分。

定理2.3.6 设R是集合X上的一个等价关系,对每个$a\in X$,令
$$[a]=\{x\in X\mid xRa\}$$
则
$$\mathcal{S}=\{[a]\mid a\in X\}$$
是X的一个划分。

证明 需要证明X中的每个元素恰好属于$\mathcal{S}$的一个成员。

设$a\in X$。因为aRa,所以$a\in[a]$。由此可知,X中的每个元素至少属于$\mathcal{S}$的一个成员。还需证明X中的每个元素只属于$\mathcal{S}$的一个成员,即

$$\text{若}x\in X\text{且}x\in[a]\bigcap[b],\text{则}[a]=[b]。 \qquad (2.3.1)$$

由$x\in X$且$x\in[a]\bigcap[b]$知,xRa且xRb。

设$n\in[x]$,则nRx。

由于xRa且R是传递的,所以nRa。因此$n\in[a]$。

于是有$[x]\subset[a]$。交换x和a的位置,同理可得$[a]\subset[x]$。

因此,$[x]=[a]$。

将a换成b,重复上述过程,可得$[x]=[b]$。

从而$[a]=[b]$,(2.3.1)成立。

例2.3.7 在例2.3.4中,模3的等价关系可以推广到对任意正整数n定义整数集合$\mathbf{Z}$上模n的等价关系
$$R=\{(x,y)\mid x,y\in\mathbf{Z}\wedge x\equiv y(\bmod n)\}$$
例如,当$n=4$时,R的等价类有
$$[0]=\{\cdots,-8,-4,0,4,8,\cdots\}$$
$$[1]=\{\cdots,-7,-3,1,5,9,\cdots\}$$
$$[2]=\{\cdots,-6,-2,2,6,10,\cdots\}$$
$$[3]=\{\cdots,-5,-1,3,7,11,\cdots\}$$
这些等价类构成了R的一个划分。

定义2.3.8 设R是非空集合X上的等价关系,以R的不交的等价类为元素构成的集合称为X在R下的商集,记作X/R,即
$$X/R=\{[x]\mid x\in X\}$$
在例2.3.7中,$\mathbf{Z}$在R下的商集是
$$\mathbf{Z}/R=\{[0],[1],[2],[3]\}$$

由商集和划分的定义可以看出，非空集合 X 上定义等价关系 R，由 R 产生的等价类都是 X 的非空子集，不同的等价类之间互不相交，并且所有等价类的并集是 X。因此，所有等价类的集合，即商集 X/R，是 X 的一个划分，称为由 R 诱导的划分。反之，给定 X 的一个划分 $\mathcal{S}$，定义 X 上的二元关系 R：xRy 当且仅当 x 和 y 在集族 $\mathcal{S}$ 的一个成员中。那么，可以证明 R 是 X 上的等价关系，称为由划分 $\mathcal{S}$ 诱导的等价关系，且该等价关系的商集就是 $\mathcal{S}$。由此可知，集合 X 上的等价关系与集合 X 的划分是一一对应的。

定理 2.3.9 设 R 是有限集合 X 上的等价关系。如果每个等价类有 r 个元素，则有 $|X|/r$ 个等价类。

证明 设 $X_1, X_2, \cdots, X_k$ 表示所有不同的等价类，由于这些集合是 X 的一个划分（如图 2.3.3 所示），所以

$$|X| = |X_1| + |X_2| + \cdots + |X_k| = r + r + \cdots + r = kr$$

从而结论成立。

图 2.3.3　集合 X 的等价类

除等价关系外，还有一种重要的关系是偏序关系。

定义 2.3.10 设 R 是非空集合 X 上的二元关系，如果 R 是自反的、反对称的和传递的，则称 R 为 X 上的**偏序关系**，简称偏序，记作 $\leqslant$。

根据定义，如果 R 是集合 X 上的一个偏序，可以用符号 $x \leqslant y$ 表示 $(x, y) \in R$。符号 $\leqslant$ 表示将这种关系看作 X 中元素的序。

集合 X 上的恒等关系、集合幂集 $P(X)$ 上的包含关系、实数集上的小于或等于关系、正整数集上的整除关系都是偏序关系。

假设 R 是集合 X 上的一个偏序，如果 $x, y \in X$ 并且 $x \leqslant y$ 或 $y \leqslant x$，则称 x 和 y 是可比的。如果 $x, y \in X$ 并且 $x \not\leqslant y$ 且 $y \not\leqslant x$，则称 x 和 y 是不可比的。如果 X 中的每对元素都是可比的，则称 R 为**全序**。例如，实数集上的小于或等于关系是一个全序，因为若 $x, y \in \mathbf{R}$，则有 $x \leqslant y$ 或 $y \leqslant x$。而"偏序"的含义就是指 X 中的一些元素可能是不可比的。例如，正整数集上的整除关系，一些元素就是不可比的，如 2 和 3 是不可比的，因为 2 不能整除 3，3 也不能整除 2。

习　　题

1. 判断下列定义在集合 $\{1, 2, 3, 4\}$ 上关系哪些是等价关系，哪些是偏序。如果是等价关系，写出等价类。

(1) $\{(2,2), (3,3), (4,4)\}$；

(2) $\{(1,1), (2,2), (3,3), (4,4)\}$；

(3) $\{(1,1), (2,2), (3,3), (4,4), (1,3), (3,1)\}$；

(4) $\{(x,y)\,|\,1{\leqslant}x{\leqslant}4,1{\leqslant}y{\leqslant}4\}$;

(5) $\{(x,y)\,|\,y$ 整除 $2-x\}$;

(6) $\{(x,y)\,|\,4$ 整除 $x+y\}$;

(7) $\{(x,y)\,|\,x+y{\leqslant}5\}$;

(8) $\{(x,y)\,|\,x=y-1\}$。

2. 列出 $\{1,2,3,4\}$ 上由给定划分定义的等价关系的成员,并求出等价类 $[1],[2],[3]$ 和 $[4]$。

(1) $\{\{1\}\{2,4\}\{3\}\}$;

(2) $\{\{1,2,3\}\{4\}\}$;

(3) $\{\{1\}\{2\}\{3\}\{4\}\}$;

(4) $\{\{1,2,3,4\}\}$。

3. 设 R 是 X 上自反的且传递的关系。证明:$R_1 \bigcap R_2$ 是 X 上的等价关系。

4. 设 R_1 和 R_2 是 X 上的等价关系。证明:$R_1 \bigcap R_2$ 是 X 上的等价关系。

5. 设 $X=\{1,2,\cdots,10\}$。在 $X \times X$ 上定义关系 R:如果 $a+b=b+c$,则 $(a,b)R(c,d)$。证明 R 是 $X \times X$ 上的等价关系。

6. 设 $X=\{1,2,\cdots,10\}$。在 $X \times X$ 上定义关系 R:如果 $ad=bc$,则 $(a,b)R(c,d)$。证明 R 是 $X \times X$ 上的等价关系。

7. 设 R 是集合 X 上的关系。定义

$$\rho(R)=R \bigcup \{(x,x)\,|\,x \in X\}$$

$$\sigma(R)=R \bigcup R^{-1}$$

$$R^n=R \circ R \circ R \circ \cdots \circ R(n \text{ 个 } R)$$

$$\tau(R)=\bigcup \{R^n \,|\, n=1,2,\cdots\}$$

关系 $\tau(R)$ 称为 R 的传递闭包。

(1) 证明 $\rho(R)$ 是自反的。

(2) 证明 $\sigma(R)$ 是对称的。

(3) 证明 $\tau(R)$ 是传递的。

(4) 证明 $\tau(\sigma(\rho(R_i)))$ 是包含 R 的等价关系。

8. 对任意集合 X 上的所有关系 R_1 和 R_2,判断下列语句是否成立。如果成立,证明之;如果不成立,给出反例。

(1) $\rho(R_1 \bigcup R_2)=\rho(R_1) \bigcup \rho(R_2)$;

(2) $\sigma(R_1 \bigcap R_2)=\sigma(R_1) \bigcap \sigma(R_2)$;

(3) $\tau(R_1 \bigcup R_2)=\tau(R_1) \bigcup \tau(R_2)$;

(4) $\tau(R_1 \bigcap R_2)=\tau(R_1) \bigcap \tau(R_2)$;

(5) $\sigma(\tau(R_1))=\tau(\sigma(R_1))$;

(6) $\sigma(\rho(R_1))=\rho(\sigma(R_1))$;

(7) $\rho(\tau(R_1))=\tau(\rho(R_1))$。

2.4 关 系 矩 阵

前面已经讲过可以用有向图来表示二元关系,其实矩阵也可以用来表示二元关系,并且是一种很方便的表示方法。计算机可以利用矩阵的表示方法来对关系进行分析。假设 R 是从集合 X 到集合 Y 的一个关系,用 X 的元素以某种顺序标记矩阵的行,用 Y 的元素以某种顺序标记矩阵的列。对于 $x \in X, y \in Y$,如果 xRy,则令矩阵的 x 行 y 列的元素为 1,否则令其为 0。由此得到的矩阵称为(对应于 X 和 Y 某顺序的)关系 R 的矩阵。

例 2.4.1 设集合 $X = \{1, 2, 3\}, Y = \{a, b, c, d\}$,令从 X 到 Y 的关系
$$R = \{(1,a), (1,d), (2,a), (2,b), (2,c)\}$$
则对应于顺序 $1, 2, 3$ 和 a, b, c, d 的矩阵是

$$\boldsymbol{M}_R = \begin{array}{c} \\ 1 \\ 2 \\ 3 \end{array} \begin{array}{cccc} a & b & c & d \\ \left[\begin{array}{cccc} 1 & 0 & 0 & 1 \\ 1 & 1 & 1 & 0 \\ 0 & 0 & 0 & 0 \end{array} \right] \end{array}$$

对应于顺序 $3, 1, 2$ 和 d, b, c, a 的矩阵是

$$\boldsymbol{M}_R = \begin{array}{c} \\ 3 \\ 1 \\ 2 \end{array} \begin{array}{cccc} d & b & c & a \\ \left[\begin{array}{cccc} 0 & 0 & 0 & 0 \\ 1 & 0 & 0 & 1 \\ 0 & 1 & 1 & 1 \end{array} \right] \end{array}$$

注意,关系 R 的矩阵依赖于对集合 X 和 Y 的排序。

当 R 是从集合 X 到 X 的关系,即集合 X 上的关系时,对行和列要使用相同的元素顺序。

例 2.4.2 设 $X = \{a, b, c, d\}, X$ 上的关系
$$R = \{(a,a), (b,b), (c,c), (d,d), (b,c), (c,b)\}$$
对应于顺序 a, b, c, d 的矩阵是

$$\boldsymbol{M}_R = \begin{array}{c} \\ a \\ b \\ c \\ d \end{array} \begin{array}{cccc} a & b & c & d \\ \left[\begin{array}{cccc} 1 & 0 & 0 & 0 \\ 0 & 1 & 1 & 0 \\ 0 & 1 & 1 & 0 \\ 0 & 0 & 0 & 1 \end{array} \right] \end{array}$$

注意集合 X 上的关系的矩阵总是一个方阵。

通过检查集合 X 上的关系 R 对应于某种顺序的矩阵 $\boldsymbol{M}$,可以判断 R 是否具有某种性质。

关系 R 是自反的,当且仅当对所有的 $x \in X$ 有 $(x,x) \in R$,这个条件只有当矩阵 $\boldsymbol{M}$ 的主对角线元素全是 1 时成立。因此,关系 R 是自反的,当且仅当矩阵 $\boldsymbol{M}$ 在主对角线上的元素全是 1。利用这一性质,容易看出例 2.4.1 中的关系 R 是自反的,因为 R 的矩阵主对角线由 1 组成。

关系 R 是对称的,当且仅当对所有的 $x,y \in X$,只要 $(x,y) \in R$,则就有 $(x,y) \in R$,这个条件只有当矩阵 M 关于主对角线对称时成立。因此,关系 R 是对称的,当且仅当矩阵 M 关于主对角线对称,即 M 的 ij 项等于 M 的 ji 项。利用这一性质,容易看出例 2.4.1 中的关系 R 是对称的,因为 R 的矩阵关于主对角线是对称的。

后面,还会通过说明矩阵乘法和复合关系的联系,利用关系矩阵来检验传递性。

例 2.4.3 设关系 R 和 S 的矩阵分别为

$$M_R = \begin{pmatrix} 1 & 0 & 1 \\ 1 & 0 & 0 \\ 0 & 1 & 0 \end{pmatrix}, \quad M_S = \begin{pmatrix} 1 & 0 & 1 \\ 0 & 1 & 1 \\ 1 & 0 & 0 \end{pmatrix}$$

那么,关系 $R \cup S$ 和 $R \cap S$ 的矩阵分别是

$$M_{R \cup S} = M_R \vee M_S = \begin{pmatrix} 1 & 0 & 1 \\ 1 & 1 & 1 \\ 1 & 1 & 0 \end{pmatrix}, \quad M_{R \cap S} = M_R \wedge M_S = \begin{pmatrix} 1 & 0 & 1 \\ 0 & 0 & 0 \\ 0 & 0 & 0 \end{pmatrix}$$

注意到关系矩阵的元素只可能是 1 或者 0,这种元素只可能是 0 和 1 的矩阵,称为 0-1 矩阵。

定义 2.4.4 设 $A = [a_{ij}]$ 是一个 $m \times k$ 的 0-1 矩阵,$B = [b_{ij}]$ 是一个 $k \times n$ 的 0-1 矩阵,则 $m \times n$ 的 0-1 矩阵 $C = [c_{ij}]$,其中 $c_{ij} = (a_{i1} \wedge b_{1j}) \vee (a_{i2} \wedge b_{2j}) \vee \cdots \vee (a_{ik} \wedge b_{kj})$ 称为矩阵 A 和 B 的**布尔乘积**,记作 $A \circ B$。

事实上,矩阵 A 和 B 的布尔乘积,可以看作矩阵 A 和 B 的乘积矩阵中所有非零元素换成 1 后得到的。

假设 0-1 矩阵 A, B 和 C 分别表示二元关系 R, S 和 Q。如果 $C = A \circ B$,则有 $c_{ij} = 1$ 当且仅当至少存在一个 $1 \leqslant p \leqslant k$ 使得 $a_{ip} \wedge b_{pj} = 1$,否则 $c_{ij} = 0$。从关系的角度来说,就是关系 Q 中有有序对 (x_i, z_j) 当且仅当存在一个元素 y_p 使得 $(x_i, y_p) \in R$ 且 $(y_p, z_j) \in S$。由此可见,关系 $Q = R \circ S$,即关系 Q 是关系 R 和 S 的复合。

于是,

$$M_{R \cdot S} = M_R \circ M_S$$

换句话说,关系 R 和 S 的复合关系的矩阵是 R 的矩阵与 S 的矩阵的布尔乘积。类似地,可以得到关系的幂的矩阵表示

$$M_{R^n} = M_R^{[n]}$$

其中,M_{R^n} 表示复合关系 $R^n = R \circ R \circ \cdots \circ R$ 的矩阵,$M_R^{[n]} = M_R \circ M_R \circ \cdots \circ M_R$ 表示关系矩阵 M_R 的 n 次布尔幂。

例 2.4.5 设关系 R 的矩阵为

$$M_R = \begin{pmatrix} 0 & 1 & 0 \\ 0 & 1 & 1 \\ 1 & 0 & 0 \end{pmatrix}$$

则 R^2 的矩阵为

$$M_{R^2} = M_R^{[2]} = \begin{pmatrix} 0 & 1 & 1 \\ 1 & 1 & 1 \\ 0 & 1 & 0 \end{pmatrix}$$

根据矩阵的布尔乘积和复合关系的联系,可知

关系 R 是传递的当且仅当 $M_R^{[2]}$ 的 ij 项非零,M_R 的 ij 项就非零。 (2.4.1)
因为 $M_R^{[2]}$ 的 ij 项非零当且仅当 R 中存在元素 (i,k) 和 (k,j)。R 是传递的当且仅当只要 $(i,k) \in R$ 和 $(k,j) \in R$,就有 $(i,j) \in R$。又因为 $(i,j) \in R$ 当且仅当 M_R 的 ij 项非零,所以,(2.4.1)成立。注意,(2.4.1)中的布尔乘积 $M_R^{[2]}$ 换成 M_R 与 M_R 的矩阵乘积 M_R^2 也是对的。

由(2.4.1)可知,例 2.4.5 中的关系 R 不是传递的,因为 $M_R^{[2]}$ 的第一行第三列的元素非零,但是 M_R 中对应的元素为零。

例 2.4.6 在例 2.4.1 中,关系 R 对应于顺序 a,b,c,d 的矩阵是

$$M_R = \begin{array}{c} \\ a \\ b \\ c \\ d \end{array} \begin{array}{cccc} a & b & c & d \\ \left(1 \right. & 0 & 0 & 0 \\ 0 & 1 & 1 & 0 \\ 0 & 1 & 1 & 0 \\ 0 & 0 & 0 & \left. 1 \right) \end{array}$$

则有

$$M_R^2 = \begin{array}{c} \\ a \\ b \\ c \\ d \end{array} \begin{array}{cccc} a & b & c & d \\ \left(1 \right. & 0 & 0 & 0 \\ 0 & 2 & 2 & 0 \\ 0 & 2 & 2 & 0 \\ 0 & 0 & 0 & \left. 1 \right) \end{array} \quad \text{或} \quad M_R^{[2]} = \begin{array}{c} \\ a \\ b \\ c \\ d \end{array} \begin{array}{cccc} a & b & c & d \\ \left(1 \right. & 0 & 0 & 0 \\ 0 & 1 & 1 & 0 \\ 0 & 1 & 1 & 0 \\ 0 & 0 & 0 & \left. 1 \right) \end{array}$$

可见,只要 $M_R^{[2]}$ 或 M_R^2 的 ij 项非零,M_R 的 ij 项就非零。因此,R 是传递的。

习 题

1. 写出从 $X = \{1,2,3\}$ 到 $Y = \{\alpha, \beta, \lambda, \gamma\}$ 的关系 $R = \{(1,\gamma),(1,\alpha),(2,\lambda),(3,\beta)\}$ 对应于给定顺序的矩阵。

(1) X 的顺序:$1,2,3$
Y 的顺序:$\alpha, \beta, \lambda, \gamma$

(2) X 的顺序:$2,1,3$
Y 的顺序:$\lambda, \gamma, \alpha, \beta$

(3) X 的顺序:$3,2,1$
Y 的顺序:$\lambda, \gamma, \alpha, \beta$

(4) X 的顺序:$3,2,1$
Y 的顺序:$\lambda, \alpha, \gamma, \beta$

2. 写出 $X = \{a,b,c,d,e\}$ 上的关系 $R = \{(a,a),(b,c),(d,a),(e,b),(e,d)\}$ 对应于给定顺序的矩阵。

(1) X 的顺序:a,b,c,d,e

(2) X 的顺序:d,b,c,a,e

(3) X 的顺序:b,c,e,a,d

(4) X 的顺序: e,d,c,b,a

3. 写出 $X=\{0,1,2,3,4,5\}$ 上的关系 $R=\{(x,y)\,|\,x<y\}$ 对应于给定顺序的矩阵。

(1) X 的顺序: $0,1,2,3,4,5$。

(2) X 的顺序: $3,4,5,0,1,2$。

(3) X 的顺序: $4,1,2,0,3,5$。

(4) X 的顺序: $5,4,3,2,1,0$。

4. 根据给出的矩阵以有序对的集合的形式写出下列关系 R。

(1)
$$\begin{array}{cccc} & 0 & 1 & 2 & 3 \\ x & \!\!\!\begin{pmatrix} 0 & 1 & 1 & 0 \\ y & 1 & 1 & 0 & 1 \end{pmatrix} \end{array}$$

(2)
$$\begin{array}{cccc} & 1 & 2 & 3 & 0 \\ y & \!\!\!\begin{pmatrix} 0 & 1 & 1 & 0 \\ x & 1 & 1 & 0 & 1 \end{pmatrix} \end{array}$$

(3)
$$\begin{array}{ccccc} & a & b & c & d \\ x & \begin{pmatrix} 1 & 0 & 1 & 1 \\ 0 & 1 & 0 & 0 \\ 1 & 0 & 1 & 0 \\ 0 & 0 & 0 & 1 \end{pmatrix} \\ y & \\ z & \\ w & \end{array}$$

(4)
$$\begin{array}{ccccc} & d & a & c & b \\ x & \begin{pmatrix} 1 & 1 & 1 & 0 \\ 0 & 0 & 0 & 0 \\ 1 & 0 & 1 & 0 \\ 0 & 0 & 0 & 1 \end{pmatrix} \\ y & \\ z & \\ w & \end{array}$$

5. 关系 $R_1=\{(1,y),(2,x),(3,x)\}$, $R_2=\{(x,b),(y,a),(y,b),(y,c)\}$ 在给定顺序 $1,2,3;x,y;a,b,c$ 下,写出:

(1) 关系 R_1 的矩阵 $\boldsymbol{A}_1$。

(2) 关系 R_2 的矩阵 $\boldsymbol{A}_2$。

(3) 矩阵乘积 $\boldsymbol{A}_1\boldsymbol{A}_2$。

(4) 关系 $R_2 \circ R_1$ 的矩阵。

(5) 关系 $R_2 \circ R_1$。

6. 定义在 $X=\{0,1,2,3,4,5\}$ 上的关系 $R_1=\{(x,y)\,|\,x+y\leqslant 6)\}$, $R_2=\{(y,z)\,|\,y>z)\}$ 在给定顺序 $0,1,2,3,4,5$ 下,写出:

(1) 关系 R_1 的矩阵 $\boldsymbol{A}_1$。

(2) 关系 R_2 的矩阵 $\boldsymbol{A}_2$。

(3) 矩阵乘积 $\boldsymbol{A}_1\boldsymbol{A}_2$。

(4) 关系 $R_2 \circ R_1$ 的矩阵。

(5) 关系 $R_2 \circ R_1$。

2.5 函　　数

一个函数为集合 X 中的每个元素指定了集合 Y 中唯一的一个元素与之对应。函数的应用非常广泛,例如在离散数学中,分析算法的执行时间就要用到函数。

函数也称为映射,它是一种特殊的二元关系,所以有关集合或关系的运算和性质同样适用于函数。

定义 2.5.1 令 X 和 Y 是集合,从 X 到 Y 的**函数** f 是笛卡尔积 $X \times Y$ 的子集,满足对每个 $x \in X$,存在唯一一个 $y \in Y$,使得 $(x,y) \in f$,也可以记为 $f: X \rightarrow Y$。

定义 2.5.1 中的集合 X 称为 f 的定义域,集合 Y 称为 f 的到达域。集合

$$\{y \mid (x,y) \in f\}$$

称为 f 的值域。可以看出 f 的值域是 Y 的一个子集。由定义可知,从 X 到 Y 的函数 f 是一个从 X 到 Y 的二元关系。

例 2.5.2 关系

$$f = \{(1,a),(2,b),(3,a)\}$$

是从集合 $X = \{1,2,3\}$ 到集合 $Y = \{a,b,c\}$ 的函数。因为 X 中的每一个元素都被指派为 Y 中唯一的元素,1 被指派为 a,2 被指派为 b,3 被指派为 a。可以用**箭头图**来表示函数,如图 2.5.1 所示,从 $x \in X$ 到 $y \in Y$ 的箭头表示 x 被指派为 y。为使箭头图对应的关系成为一个函数,根据定义 2.5.1,要求从定义域中的每个元素恰有一个箭头射出。

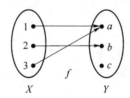

图 2.5.1　例 2.5.2 中函数 f 的箭头图

对于这个函数 f,Y 中的元素 a 使用了两次,并且没有用到元素 c。可见,定义 2.5.1 允许重复使用 Y 中的元素,并且没有要求使用 Y 中所有的元素。函数 f 的定义域是 X,值域是 $\{a,b\}$。

例 2.5.3 关系

$$f = \{(1,a),(2,a),(3,b)\}$$

不是从集合 $X = \{1,2,3,4\}$ 到集合 $Y = \{a,b,c\}$ 的函数。因为 X 中的元素 4 没有被指派为 Y 中的元素。也可以从箭头图(图 2.5.2)看出 f 不是函数,因为没有从 4 射出的箭头。

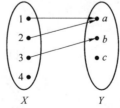

图 2.5.2　例 2.5.3 中关系 f 的箭头图

例 2.5.4 关系
$$f=\{(1,a),(2,b),(3,c),(1,b)\}$$
不是从集合 $X=\{1,2,3\}$ 到集合 $Y=\{a,b,c\}$ 的函数。因为 X 中的元素 1 被指派为 Y 中的两个元素 a 和 b，而不是唯一一个元素。也可以从箭头图(图 2.5.3)看出 f 不是函数，因为从 1 射出两个箭头。

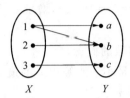

图 2.5.3　例 2.5.4 中关系 f 的箭头图

根据函数的定义，给定一个从 X 到 Y 的函数 f，对每一个 $x\in X$，都有唯一一个 $y\in Y$，使得 $(x,y)\in f$。这里的 y 也可以记作 $f(x)$，即 $y=f(x)$ 是 $(x,y)\in f$ 的另一种表示方法。

例 2.5.5 设 $X=\{a,b,c,d\},Y=\{1,2,3,4,5\}$，函数
$$f=\{(a,3),(b,3),(c,5),(d,1)\}$$
也可以记为
$$f(a)=3, \quad f(b)=3, \quad f(c)=5, \quad f(d)=1$$

例 2.5.6 设
$$f=\{(x,x^2)\mid x\in \mathbf{R}\}$$
则 f 是一个函数，它的定义域是实数集，值域是非负实数集。也可以记为
$$f(x)=x^2$$
由此可得
$$f(1)=1, \quad f(-2.5)=6.25, \quad f(0)=0,\cdots$$

前面在讲等价关系时用到了模算子的函数，它在数学和计算机科学中起着重要的作用。

定义 2.5.7 设 $x\in \mathbf{Z},y\in \mathbf{Z}^{+}$，定义 $x \bmod y$ 为 x 除以 y 的余数，其中 $\bmod$ 称为**模算子**。

例如，$4 \bmod 2=0,3 \bmod 1=0,5 \bmod 8=5,5\,321\bmod 2=1,-5 \bmod 3=1$。

例 2.5.8 计算机可以用来模拟随机行为，利用程序产生看起来是随机的数，从下面所讲的这些数的生成过程可以知道，这样的数并不是真正的随机数，所以被称为**伪随机数**。

线性同余法是生成伪随机数的一种常用方法，需要四个整数：模数 m、乘数 a、增量 c 和种子 s，并且需要满足
$$2\leqslant a<m, \quad 0\leqslant c<m, \quad 0\leqslant s<m$$
设 $x_0=s$，所生成的伪随机数序列 $x_1,x_2,\cdots$由公式
$$x_n=(ax_{n-1}+c) \bmod m$$
给出。这是一个递推公式，每一个伪随机数由前一个伪随机数计算得到。例如，取
$$m=11, \quad a=7, \quad c=5, \quad s=3$$
则
$$x_1=(ax_0+c) \bmod m=(7 \cdot 3+5) \bmod 11=4$$
$$x_2=(ax_1+c) \bmod m=(7 \cdot 4+5) \bmod 11=0$$

$$x_3 = (ax_2 + c) \bmod m = (7 \cdot 0 + 5) \bmod 11 = 5$$

类似地，可以算出

$$x_4 = 7, \quad x_5 = 10, \quad x_6 = 9, \quad x_7 = 2, \quad x_8 = 8, \quad x_9 = 6, \quad x_{10} = 3$$

由于 $x_{10} = 3$，等于种子 s，所以序列从 x_{10} 开始重复 3,4,0,5,7,10,9,2,8,6。

从这个过程可以知道，在实际中，模数 m 和乘数 a 需要取非常大的数。常用的有模数 $m = 2^{31} - 1 = 2\,147\,483\,647$，乘数 $a = 7^5 = 16\,807$，增量 $c = 0$。用这些数可以生成一个长度为 $2^{31} - 1$ 的不重复的整数序列。

下面定义实数的下整数和上整数的概念。

定义 2.5.9　实数 x 的**下整数**是小于或等于 x 的最大整数，记为 $\lfloor x \rfloor$。实数 x 的**上整数**是大于或等于 x 的最小整数，记为 $\lceil x \rceil$。

根据定义 2.5.9，有

$$\lfloor 6.2 \rfloor = 6, \quad \lfloor -8.5 \rfloor = -9, \quad \lfloor 8 \rfloor = 8, \quad \lceil 2.7 \rceil = 3, \quad \lceil -10.8 \rceil = -10, \quad \lceil -6 \rceil = -6$$

利用下整数和上整数可以定义上取整函数和下取整函数。

例 2.5.10　设 f_1 和 f_2 分别是定义在实数集上的下取整函数和上取整函数，即

$$f_1(x) = \lfloor x \rfloor, \quad f_2(x) = \lceil x \rceil$$

则 f_1 和 f_2 可用下图（图 2.5.4）表示。图中如果线段包含对应点则用方括号表示，否则用圆括号表示。

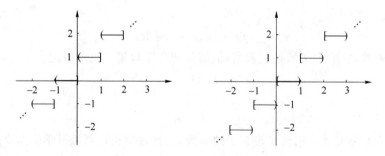

图 2.5.4　下取整函数（左）和上取整函数（右）

例 2.5.11　设 d, n 为整数，$d > 0$，则存在整数 q（商）和 r（余数）满足

$$n = dq + r, \quad 0 \leqslant r < d$$

等式两边同除以 d，可得

$$\frac{n}{d} = q + \frac{r}{d}$$

由于 $0 \leqslant r/d < 1$，所以

$$\left\lceil \frac{n}{d} \right\rceil = \left\lceil q + \frac{r}{d} \right\rceil = q$$

因此，商 q 就是 $\lceil n/d \rceil$。n 除以 d 的余数

$$r = n - dq$$

就是前面介绍的 $n \bmod d$ 的值。

定义 2.5.12　设 f 是从集合 X 到集合 Y 的函数，

（1）若对每个 $y \in Y$，至多有一个 $x \in X$，使得 $f(x) = y$，则称 f 是**单射**（或一对一的）。

（2）若 f 的值域是 Y，则称 f 是**满射**（或对 Y 映上的、映上函数）。

（3）若 f 既是单射又是满射，则称 f 是**双射**（或——映射）。

例 2.5.13 设 $X=\{1,2,3\}$，$Y=\{a,b,c,d\}$，从 X 到 Y 的函数
$$f=\{(1,b),(3,a),(2,c)\}$$
是单射，但不是满射；从 X 到 Y 的函数
$$g=\{(1,a),(2,b),(3,a)\}$$
不是单射，因为 $g(1)=g(3)=a$，也不是满射。

例 2.5.14 设 $X=\{1,2,3\}$，$Y=\{a,b,c\}$，从 X 到 Y 的函数
$$f=\{(1,b),(3,a),(2,c)\}$$
是单射，也是满射。

在定义 2.5.12 中，从集合 X 到集合 Y 的函数 f 是单射，等价于：对所有的 $x_1,x_2\in X$，若 $f(x_1)=f(x_2)$，则 $x_1=x_2$。用符号表示为
$$\forall x_1 \forall x_2((f(x_1)=f(x_2))\rightarrow(x_1=x_2))$$

如果函数 f 不是单射，由推广的 De Morgan 律和等价关系 $\neg(p\rightarrow q)\equiv p \wedge \neg q$ 知：
$$\neg(\forall x_1 \forall x_2((f(x_1)=f(x_2))\rightarrow(x_1=x_2)))$$
$$\equiv \exists x_1 \ \neg(\forall x_2((f(x_1)=f(x_2))\rightarrow(x_1=x_2)))$$
$$\equiv \exists x_1 \exists x_2 \ \neg((f(x_1)=f(x_2))\rightarrow(x_1=x_2))$$
$$\equiv \exists x_1 \exists x_2((f(x_1)=f(x_2))\wedge \neg(x_1=x_2))$$
$$\equiv \exists x_1 \exists x_2((f(x_1)=f(x_2))\wedge(x_1\neq x_2))$$

即，如果存在 x_1 和 x_2 使得 $f(x_1)=f(x_2)$ 且 $x_1\neq x_2$，那么 f 不是单射。

在判断函数是否是单射时，经常可以使用上述形式化的定义。

例 2.5.15 判断下列函数是否是单射，并说明原因。

（1）从整数集合到整数集合的函数 $f(n)=2n-1$。

（2）从整数集合到整数集合的函数 $f(n)=n^2-2^n$。

解

（1）$f(n)=2n-1$ 是单射，因为对所有整数 n_1 和 n_2，如果 $f(n_1)=f(n_2)$，根据函数 f 的定义，由该等式知，$2n_1-1=2n_2-1$，从而得到 $n_1=n_2$。所以函数 f 是单射。

（2）$f(n)=n^2-2^n$ 不是单射，因为存在整数 2 和 4，使得 $f(2)=f(4)$，所以函数 f 不是单射。

在定义 2.5.12 中，从集合 X 到集合 Y 的函数 f 是满射，等价于：对每一个 $y\in Y$，存在 $x\in X$，使得 $f(x)=y$。用符号表示为
$$\forall y\in Y \exists x\in X(f(x)=y)$$

如果函数 f 不是满射，由推广的 De Morgan 律和等价关系 $\neg(p\rightarrow q)\equiv p \wedge \neg q$ 知：
$$\neg(\forall y\in Y \exists x\in X(f(x)=y))$$
$$\equiv \exists y\in Y \ \neg(\exists x\in X(f(x)=y))$$
$$\equiv \exists y\in Y \forall x\in X \ \neg(f(x)=y)$$
$$\equiv \exists y\in Y \forall x\in X(f(x)\neq y)$$

即，如果存在 $y\in Y$ 使得对所有的 $x\in X$，$f(x)\neq y$，那么 f 不是满射。

在判断函数是否是满射时，经常可以使用上述形式化的定义。

例 2.5.16 判断下列函数是否是满射，并说明原因。

（1）从整数集合 X 到整数集合 Y 的函数 $f(n)=2n-1$。

（2）从实数集合 X 到正实数集合 Y 的函数 $f(x)=x^2$。

解

（1）$f(n)=2n-1$ 不是满射，由函数 f 的定义易见任意整数 $n\in X$ 被映射为奇数。因此可以选取一个偶数，例如选取 $2\in Y$，对所有的 $n\in X$，$f(n)\neq 2$。所以函数 f 不是满射。

（2）$f(x)=x^2$ 是满射，因为对每一个 $y\in Y$，y 是正实数，所以 $\sqrt{y}$ 有定义，可以取 $x=\sqrt{y}$（或取 $x=-\sqrt{y}$），有 $x\in X$，使得 $f(x)=y$。所以函数 f 是满射。

函数是一种特殊的二元关系，函数的复合就是关系的复合。

定义 2.5.17 令 g 为从 X 到 Y 的函数，f 为从 Y 到 Z 的函数。f 与 g 的**复合函数**是从 X 到 Z 的函数，记为 $f\circ g$，对所有的 $x\in X$，

$$f\circ g(x)=f(g(x))$$

例 2.5.18 设集合 $X=\{1,2,3\}$，$Y=\{x,y,z\}$，$Z=\{a,b\}$，给定从 X 到 Y 的函数

$$g=\{(1,x),(2,y),(3,y)\}$$

和从 Y 到 Z 的函数

$$f=\{(x,a),(y,b),(z,b)\}$$
$$f\circ g=\{(1,a),(2,b),(3,b)\}$$

连接从 X 到 Y 的函数 g 的箭头图和从 Y 到 Z 的函数 f 的箭头图，可以得到复合函数 $f\circ g$ 的箭头图（图 2.5.5）。

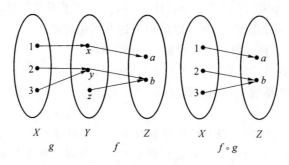

图 2.5.5 例 2.5.18 中函数的箭头图

例 2.5.19 设 $g(x)=3x+5$，$f(x)=x^3-1$，则

$$f\circ g(x)=f(g(x))=f(3x+5)=(3x+5)^3$$

设 f 是由 X 到 Y 的函数，I_X 和 I_Y 分别是集合 X 和集合 Y 上的恒等函数，容易验证

$$f=f\circ I_X=I_Y\circ f$$

特别地，如果 f 是由 X 到 X 的函数，则有

$$f=f\circ I_X=I_X\circ f$$

由复合函数的定义易知，函数的复合满足结合律

$$f\circ(g\circ h)=(f\circ g)\circ h$$

但通常不满足交换律

$$f\circ g\neq g\circ f$$

下面考虑函数的逆运算。对于任意一个函数 f，它的逆 f^{-1} 是二元关系，但不一定是函数。例如，

$$f=\{(1,a),(2,a)\}$$

则有

$$f^{-1}=\{(a,1),(a,2)\}$$

显然, f^{-1} 不是函数,因为有两个函数值 1 和 2 与 a 对应,不满足函数的单值性。可以证明当函数 f 是双射时, f^{-1} 是函数。

定义 2.5.20 设函数 f 是双射,则

$$f^{-1}=\{(y,x)\mid(x,y)\in f\}$$

称为 f 的**反(逆)函数**。

由定义 2.5.20 易知,从集合 X 到 X 的双射函数 f 满足

$$f\circ f^{-1}=f^{-1}\circ f=I_X$$

即,函数与它的反函数的复合是恒等函数。

例 2.5.21 设集合 $X=\{1,2,3\}$, $Y=\{x,y,z\}$,给定从 X 到 Y 的函数

$$f=\{(1,x),(2,z),(3,y)\}$$

则

$$f^{-1}=\{(x,1),(z,2),(y,3)\}$$

f^{-1} 的箭头图可以通过将 f 箭头图中每个箭头反向得到,如图 2.5.6 所示。

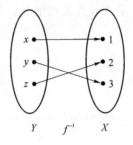

图 2.5.6 例 2.5.21 中 f^{-1} 的箭头图

例 2.5.22 设函数

$$f(x)=\ln x$$

是从正实数集合 $\mathbb{R}^+$ 到实数集合 $\mathbb{R}$ 的函数。设 $(y,x)\in f^{-1}$,即

$$f^{-1}(y)=x \qquad\qquad (2.5.1)$$

所以 $(x,y)\in f$,有 $y=f(x)=\ln x$,从而

$$x=\mathrm{e}^y \qquad\qquad (2.5.2)$$

由(2.5.1)和(2.5.2)得

$$f^{-1}(y)=x=\mathrm{e}^y$$

由此可知,对数函数的逆是指数函数。

下面考虑两类特殊的函数一元操作符和二元操作符。集合 X 上的一元操作符将 X 中的一个元素与 X 中的一个元素联系起来,二元操作符是将 X 中的元素构成的有序对与 X 中的一个元素联系起来。

定义 2.5.23 从 X 到 X 的函数称为 X 上的**一元操作符**,从 $X\times X$ 到 X 的函数称为 X 上的**二元操作符**。

例 2.5.24 设 U 是全集,令函数

$$f(X) = \overline{X}$$

其中,$X \in \mathscr{P}(U)$,则 f 是 $\mathscr{P}(U)$ 上的一元操作符。令函数

$$g(A,B) = A \cap B$$

其中,$X \in U$,则 g 是 U 上的二元操作符。

习　　题

1. 画出下列从 $X=\{1,2,3,4\}$ 到 $Y=\{a,b,c,d\}$ 的关系的箭头图。判断它们是否是函数。如果是函数,写出定义域和值域,并判断是否是单射、满射、双射。

(1) $\{(1,c),(2,d),(3,a),(4,b)\}$;

(2) $\{(1,b),(2,b),(3,b),(4,b)\}$;

(3) $\{(1,d),(2,d),(4,a)\}$;

(4) $\{(1,c),(2,a),(3,b),(4,c),(2,d)\}$;

(5) $\{(1,a),(3,c),(4,b)\}$;

(6) $\{(1,a),(2,a),(3,c),(4,b)\}$。

2. 画出下列函数的图,函数的定义域为实数集合。

(1) $f(x) = \lfloor x \rfloor - x$;

(2) $f(x) = x - \lceil x \rceil$;

(3) $f(x) = \lceil x \rceil - \lfloor x \rfloor$;

(4) $f(x) = \lceil x^2 \rceil$。

3. 判断下列函数是否是双射,并说明原因,函数的定义域为实数集合。

(1) $f(x) = 5^x - 3$;

(2) $f(x) = \dfrac{x}{1+x^2}$;

(3) $f(x) = \sin x$;

(4) $f(x) = x^3 - 2$。

4. 设 X 是函数 f 的定义域,将函数 f 的值域记为 Y,求下列函数的反函数。

(1) $f(x) = 5 + 1/x$,$X=$ 非零实数集合;

(2) $f(x) = 2\log_2 x$,$X=$ 正实数集合;

(3) $f(x) = 2^x$,$X=$ 实数集合;

(4) $f(x) = x + 2$,$X=$ 实数集合。

5. 设下列函数 f 和 g 是从正实数集到正实数集的函数,求复合函数 $f \circ f,g \circ g,f \circ g$,$g \circ f$。

(1) $f(n) = 2n+1,g(n) = 3n-1$;

(2) $f(n) = n^2,g(n) = 2^n$;

(3) $f(x) = \lfloor 3x \rfloor,g(x) = x^2$。

6. 设 g 是从 X 到 Y 的函数,f 是从 Y 到 Z 的函数,判断下列语句是否成立,并说明原因。

（1）如果 f 是映上的，则 $f \circ g$ 是映上的。

（2）如果 g 是映上的，则 $f \circ g$ 是映上的。

（3）如果 g 是一对一的，则 $f \circ g$ 是一对一的。

（4）如果 f 和 g 是映上的，则 $f \circ g$ 是映上的。

2.6 序 列 和 串

本节主要内容是序列和串，它们其实都是函数。例如，从 $X = \{1,2,3,4,5\}$ 到实数集合 $\mathbb{R}$ 的函数
$$C(1) = 2, \quad C(2) = 3, \quad C(3) = 4, \quad C(4) = 5, \quad C(5) = 6$$
是一个序列，作为序列可以表示如下：
$$C_1 = 2, \quad C_1 = 3, \quad C_1 = 4, \quad C_1 = 5, \quad C_1 = 6$$
即在序列中第 n 项记为 C_n，这里 n 称为序列的下标。

定义 2.6.1 **序列**是一个定义域由连续整数集合构成的特殊函数。

一个序列 s 可以记作 s 或 $\{s_n\}$。这里 s 或 $\{s_n\}$ 表示整个序列。$s_1, s_2, s_3, \cdots$ 用符号表示序列 s 中的第 n 个元素。

定义域有无限多个元素的序列称为**无限序列**。例如，$s_1 = 2, s_2 = 4, s_3 = 6, \cdots, s_n = 2n, \cdots$ 如果需要明确表示无限序列 s 的起始下标，可以记作 $\{s_n\}_{n=k}^{\infty}$。例如，起始下标为 0 的无限序列 s 可以记作 $\{s_n\}_{n=0}^{\infty}$。

定义域有有限个元素的序列称为**有限序列**。例如，$t_1 = a, t_2 = c, t_3 = b$。下标从 i 到 j 的有限序列 t 可以记作 $\{t_n\}_{n=i}^{j}$。例如，定义域为 $\{-2, -1, 0, 1, 2\}$ 的序列 t 记作 $\{t_n\}_{n=-2}^{2}$。

例 2.6.2 设序列 $\{u_n\}$ 由 $u_n = 2n+1, n > 0$ 定义，可以看出这是一个无限序列，可以记作 $\{u_n\}_{n=1}^{\infty}$，也可以记作 $\{u_k\}_{k=1}^{\infty}$，即下标可以任意选取。

例 2.6.3 设序列 $\{v_n\}$ 中元素 v_n 为英文单词"today"的第 n 个字母。如果指定第一项的下标为 1，则 $v_1 = t, v_2 = o, v_3 = d, v_4 = a, v_5 = y$，这是一个有限序列，可以记作 $\{v_n\}_{n=1}^{5}$。

如果从序列中取出一些项并保持它们在原序列中的顺序，可以得到原序列的子序列。

定义 2.6.4 设 $\{s_n\}$ 是一个下标取值为 $n = m, m+1, \cdots$ 的序列，$n_1, n_2, \cdots$ 是在集合 $\{m, m+1, \cdots\}$ 上取值的递增序列，则称 $\{s_{n_k}\}$ 是 $\{s_n\}$ 的一个**子序列**。

例 2.6.5 序列 $s_{n_1} = t, s_{n_2} = y$，是序列 $v_1 = t, v_2 = o, v_3 = d, v_4 = a, v_5 = y$ 的子序列，其中 $n_1 = 1, n_2 = 5$。即子序列通过在原序列中依次选取第 $1, 5$ 项得到。

例 2.6.6 序列 $2, 4, 8, 16, \cdots, 2^k, \cdots$ 是序列 $2, 4, 6, 8, 10, 12, 14, 16, \cdots, 2n, \cdots$ 的子序列。它是通过在原序列中依次选取第 $1, 2, 4, 8, \cdots$ 项得到。即定义 2.6.4 中 n_k 的取值为 $n_k = 2^{k-1}$。

给定序列 s, n 和 $n+1$ 在定义域内，如果对所有 n 满足 $s_n < s_{n+1}$，则 s 是**递增序列**；如果对所有 n 满足 $s_n > s_{n+1}$，则 s 是**递减序列**；如果对所有 n 满足 $s_n \leqslant s_{n+1}$，则 s 是**非减序列**；如果对所有 n 满足 $s_n \geqslant s_{n+1}$，则 s 是**非增序列**。

例 2.6.7 序列 $5, 12, 56, 122, 145, 200$ 是递增序列，也是非减序列。序列 $90, 80, 70,$ $70, 60, 60$ 是非增序列，但不是递减序列。序列 50 是递增序列，也是递减序列，是非增序列，

也是非减序列。

下面介绍两个经常对序列使用的操作符号:和符号和乘积符号。

定义 2.6.8 如果 $\{s_i\}_{i=m}^n$ 是一个序列,定义和符号

$$\sum_{i=m}^n s_i = s_m + s_{m+1} + \cdots + s_n$$

定义乘积符号

$$\prod_{i=m}^n s_i = s_m \cdot s_{m+1} \cdot \ \cdots \ \cdot s_n$$

其中,i 称为下标,m 称为下限,n 称为上限。$\sum_{i=m}^n s_i$ 可以读作 sigma 符号。

例 2.6.9 设序列 s 定义为 $s_n = 3n, n \geqslant 0$,则

$$\sum_{i=0}^3 s_i = s_0 + s_1 + s_2 + s_3 = 0 + 3 + 6 + 9 = 18$$

$$\prod_{i=1}^3 s_i = s_1 \cdot s_2 \cdot s_3 = 3 \cdot 6 \cdot 9 = 162$$

利用和符号或乘积符号可以简化一些求和式或求乘积式的写法。例如,

$$c + cr + cr^2 + \cdots + cr^n = \sum_{i=0}^n cr^i$$

上式中,下标的名称可以改变,例如将 i 换成 k,即

$$c + cr + cr^2 + \cdots + cr^n = \sum_{k=0}^n cr^k$$

上式中,上、下限也可以根据需要进行改变,例如令 $j = k+1$,用 j 代替 k,带入上式有

$$\sum_{k=0}^n cr^k = \sum_{j=1}^{n+1} cr^{j-1}$$

和符号和乘积符号的下标可以换成在任意整数集合 S 上取值,即,对于序列 a,$\sum_{i \in S} a_i$ 表示元素 $\{a_i \mid i \in S\}$ 之和。类似地,$\prod_{i \in S} a_i$ 表示元素 $\{a_i \mid i \in S\}$ 之积。

例 2.6.10 设集合 $S = \{1, 2, 3, 4, 5\}$,则

$$\sum_{i \in S} i^2 = 1^2 + 2^2 + 3^2 + 4^2 + 5^2 = 55$$

$$\prod_{i \in S} \frac{1}{i} = \frac{1}{1} \cdot \frac{1}{2} \cdot \frac{1}{3} \cdot \frac{1}{4} \cdot \frac{1}{5} = 120$$

如果一个序列是由有限个字符构成的,则称为串。例如,文本"It is a sunny day."表示由字符序列

It is a sunny day.

构成的串。这里的双引号表示字符串的起止。在计算机中,由 0 和 1 组成的二进制串,例如 1001010,表示十进制数 74。

定义 2.6.11 有限集合 X 上的**串**是由 X 中的元素组成的有限序列。

由定义知,串是一个序列,因此需要考虑元素的顺序。例如,$abcd$ 和 $cdab$ 是两个不同的串。

如果串中有连续重复字符,可以用上标来表示。例如,串 $aabbbcd$ 可以写成 $a^2 b^3 cd$。

不含任何元素的串称为空串,用记号 λ 表示。用 X^* 表示 X 上所有的串的集合,其中包含空串。用 X^+ 表示 X 上所有非空的串的集合。例如,对于集合 $X=\{x,y\}$,$\lambda,x,y,yxxx$,xy^2x^{12},都在 X^* 中。

如果 α 是一个串,串 α 的长度是 α 中元素的个数,记作 $|\alpha|$。例如,设 $\alpha=yxxyy,\beta=x^{12}y^5$,则 $|\alpha|=5,|\beta|=17$。

如果 α 和 β 是两个串,将 α 与 β 依次连接构成的串称为 α 和 β 的毗连,记为 $\alpha\beta$。例如,设 $\gamma=abba,\theta=ccab$,则 $\gamma\theta=abbaccab$,$\theta\gamma=ccababba$,$\gamma\lambda=\lambda\gamma=\gamma=abba$。

例 2.6.12 设集合 $X=\{x,y,z\}$,令 $f(\alpha,\beta)=\alpha\beta$,其中,$\alpha$ 和 β 为 X 上的串,则 f 是 X^* 上的二元操作符。

定义 2.6.13 设 α 和 β 为串,如果存在串 γ 和 θ 使得 $\alpha=\gamma\beta\theta$,则称串 β 是串 α 的**子串**。

由定义知,从串 α 中选取连续的一些元素或全部元素,就得到串 α 的一个子串。例如,串 $\beta=cdc$ 是串 $\alpha=abcdcdd$ 的子串,因为可以选取串 $\gamma=ab$ 和 $\theta=dd$,使得 $\alpha=\gamma\beta\theta$。

习　　题

1. 定义序列为 $t_n=2n-1,n\geqslant1$,求:

(1) $t_2,t_3,t_4,t_5,t_6,t_{100}$;

(2) $\displaystyle\sum_{i=1}^{3}t_i$;

(3) $\displaystyle\prod_{i=1}^{3}t_i$;

(4) $\displaystyle\prod_{i=1}^{6}t_i$。

2. 定义序列为 $t_n=n!+2,n\geqslant1$,求:

(1) $t_2,t_3,t_4,t_5,t_6,t_{100}$;

(2) $\displaystyle\sum_{i=1}^{4}t_i$;

(3) $\displaystyle\sum_{i=3}^{3}v_i$;

(4) $\displaystyle\prod_{i=1}^{3}t_i$。

3. 判断下列序列是否是递增、递减、非增、非减:

(1) $t_n=3n-1,n\geqslant1$;

(2) $t_n=n!+2,n\geqslant1$;

(3) $t_n=n^2-n+1,n\geqslant1$;

(4) $t_n=n(-1)^n,n\geqslant1$。

4. 设串 $\alpha=bab,\beta=caab,\gamma=ccab$,计算下列各式:

(1) $\alpha\beta$;

(2) $\alpha\alpha$;

（3）$\beta\alpha$；

（4）$\alpha\beta\gamma$；

（5）$\beta\gamma\alpha\alpha$；

（6）$|\beta\beta|$；

（7）$\alpha\lambda$；

（8）$|\alpha\beta|$。

5．写出下列串的所有子串：

（1）*caacb*；

（2）*aabbab*。

第3章

算　法

　　算法是一系列解决问题的清晰指令,算法代表着用系统的方法描述解决问题的策略机制。也就是说,能够对一定规范的输入,在有限时间内获得所要求的输出。算法一词很早就出现,而今天,算法一般指的是可以在计算机上执行的解法。

　　算法中的指令描述的是一个计算,当其运行时能从一个初始状态和(可能为空的)初始输入开始,经过一系列有限而清晰定义的状态,最终产生输出并停止于一个终态。一个状态到另一个状态的转移不一定是确定的。

3.1 简　介

　　算法主要具有以下特征:

　　(1) 输入项。一个算法有零个或多个输入,以确定运算对象的初始情况。

　　(2) 输出项。一个算法有一个或多个输出,以反映对输入数据加工后的结果。

　　(3) 精确性。算法的每一步骤有确切的定义。

　　(4) 确定性。算法的每一步骤执行的中间结果是唯一的,且只依赖于输入项和前面步骤执行的结果。

　　(5) 有限性。算法在执行有限条指令后终止。

　　(6) 正确性。算法生成的输出结果是正确的,即算法可以正确地求解问题。

　　(7) 一般性。算法适用于一组输入。

　　例如,考虑求三个数 a,b,c 中最大数的算法:

　　(1) large$=a$。

　　(2) 如果 $b>$large,则 large$=b$。

　　(3) 如果 $c>$large,则 large$=c$。

这里等号"$=$"表示赋值操作。

　　这个算法的思想是对三个数 a,b,c 逐个进行检查,将其中的最大值赋值给变量 large。算法终止时,large 就是三个数中的最大值。下面指定 a,b,c 的值,说明上述算法是如何执行的,该过程称为跟踪。例如,选定 $a=2,b=6,c=3$,则

　　(1) large 被赋值为 a,即 2。

　　(2) $b>$large 即 $6>2$ 为真,所以 large 被赋值为 b,即 6。

（3）$c>$large 即 3$>$6 为假，所以不执行 then 后的操作，large 仍等于 b，即 6。

算法结束时，large 是 6，为 a,b,c 中的最大数。

下面说明上述求最大数的算法具有前面列出的 7 个性质。

输入项和输出项：算法有三个输入 a,b,c，一个输出 large。

精确性：算法的每一步都进行了精确的描述，能够用程序语言在计算机上执行。

确定性：算法的每一步都产生唯一的中间结果。例如，选定 $a=2,b=6,c=3$，在算法的第（2）步，无论什么人或什么计算机执行，large 都被赋值为 6。

有限性和正确性：算法在有限步（三步）后终止，并给出问题的正确答案，即找到三个数中的最大数。

一般性：任给三个数，算法都可以找到最大数。

除可以用普通语言描述算法外，还可以用伪代码来描述算法。伪代码是介于自然语言与编程语言的一种算法描述语言，由于类似于程序语言（如 C 语言、Fortran）而得名。它具有精确性、结构化和普遍性的特点。伪代码的版本很多，不用考虑分号、大小写字母、关键字等，不拘泥于形式，只要指令是明确的即可。

一般来说，伪代码写的算法包括一个标题、一个算法描述、算法的输入和输出，还包括所有指令的函数。另外，可以对算法中的每一行进行编号，以方便指出其中的特定语句。下面将求最大数的例子用伪代码写出。

算法 3.1.1 求三个数中的最大值

算法描述：该算法的目的是求三个数 a,b,c 中的最大数。

输入：三个数 a,b,c

输出：large（a,b,c 中的最大数）

1. max(a,b,c) {
2. large$=a$
3. if ($b>$large)   //如果 b 比 large 大，更新 large
4.   large$=b$
5. if ($c>$large)   //如果 c 比 large 大，更新 large
6.   large$=c$
7. return large
8. }

下面考虑排序算法。排序是指将一个序列按照某种特定顺序进行排列。例如，对一组名字构成的序列

$$\text{Brain, Tony, Mendy, Apple, Alan}$$

可以按字典中的顺序进行排序，排序后得到

$$\text{Alan, Apple, Brain, Mendy, Tony.}$$

排序后会得到一个有序序列，它比无序序列更容易找到其中特定的项。排序算法有很多，下面讨论插入排序算法，该算法对小规模序列排序非常高效。

算法 3.1.2 插入排序算法

算法描述：该算法的目的是将序列 $s_1,\cdots,s_n$ 按非递减顺序排序。

输入：序列 s，序列长度 n

输出:排序后的序列 s

1. insertion_sort(s, n) {
2. for $i = 2$ to n {
3.   val $= s_i$ //用临时变量保存 s_i
4. $j = i - 1$
5.   //如果 val$< s_j$,向右移动 s_j 为 s_i 空出位置
6.   while$(j \geqslant 1 \wedge \text{val} < s_j)$ {
7. $s_{j+1} = s_j$
8. $j = j - 1$
9.   }
10. $s_{j+1} = \text{val}$ //插入 val
11. }
12. }

在算法 3.1.2 中,在插入排序的第 i 次迭代之后,$s_1, \cdots, s_i$ 已经是有序的,接下来将 s_{i+1} 插入 $s_1, \cdots, s_i$ 中,使得 $s_1, \cdots, s_i, s_{i+1}$ 有序。例如,假设 $i = 3$,

$$s_1 = 6, \quad s_2 = 12, \quad s_3 = 21$$

接下来要插入 $s_4 = 9$,令 val$= 9$,首先比较 val$= 9$ 和 $s_3 = 21$,由于 21 比 9 大,21 向右移动一个位置,即

$$s_1 = 6, \quad s_2 = 12, \quad s_4 = 21$$

然后比较 val$= 9$ 和 $s_2 = 12$,由于 12 比 9 大,12 向右移动一个位置,即

$$s_1 = 6, \quad s_3 = 12, \quad s_4 = 21$$

然后比较 val$= 9$ 和 $s_1 = 6$,由于 6 比 9 小,将 val$= 9$ 插入第 2 个索引位置,即

$$s_1 = 6, \quad s_2 = 9, \quad s_3 = 12, \quad s_4 = 21$$

这时 $s_4 = 9$ 就被插入序列中,并使得 $s_1, \cdots, s_4$ 有序。

因此可以看出,算法中"插入"的思想是:从有序的子序列的最右项开始,如果比要插入的项大,就将此项向右移动一个位置,重复该操作,直到遇到比要插入的项小的项。

使用计算机时会遇到很多搜索问题,例如,用互联网上的搜索引擎进行搜索,或用字处理器在文档中查找特定的文本等。下面就讨论文本搜索算法。

假设给定文本 t,想在 t 中找到词组 d 第一次出现的位置,或者判断 d 是否在 t 中出现。例如,想在文本 t 中找到字符串 $d = $"Monday"第一次出现的位置,或者判断出 d 不在 t 中出现。想法是从第一个位置开始索引 t 中的字符,检查 d 是否在第一个索引位置出现,如果是,则找到了 d 在 t 中第一次出现的位置,停止。否则,检查 d 是否在第二个索引位置出现,如果是,则找到了 d 在 t 中第一次出现的位置,停止。否则检查 d 是否在第三个索引位置出现,依次进行下去。按照上述思想,给出如下文本搜索算法。

算法 3.1.3 文本搜索算法

算法描述:该算法的目的是在文本 t 中查找词组 d 出现的位置。

输入:t(由 1 到 n 索引),d(由 1 到 m 索引),n, m

输出:i($i = 0$ 表示 d 不在 t 中出现;否则 i 表示 d 第一次出现的位置)

1. text_search(t, d, n, m)

2.　　for $i=1$ to $n-m+1$ {

3.　　　　//i 是 t 中子字符串第一个字符的位置索引,与 d 作比较

4.　　　　$j=1$　//j 是 d 的位置索引

5.　　　　//通过 while 循环比较 $t_i\cdots t_{i+m-1}$ 和 $d_1\cdots d_m$

6.　　　　while($t_{i+j-1}==d_j$) {

7.　　　　　　$j=j+1$

8.　　　　　　if($j>m$)

9.　　　　　　　　return i

10.　　　　}

11.　　}

12.　return 0

13. }

在算法 3.1.3 中,变量 i 表示 t 中与 d 进行比较的子字符串的第一个字符的指标。算法从 $i=1$ 开始,然后 $i=2$,依次进行下去。由于词组 d 的长度是 m,指标 $n-m+1$ 是变量 i 能够取到的最大值。

下面用一个例子对算法 3.1.3 进行跟踪:在文本 t 为"01001"中搜索字符串 d"001"。

$i=1,j=1,t_1=d_1(0=0)$ 为真,令 $j=2,j>m(1>3)$ 为假,于是

　　$j=2,t_2=d_2(1=0)$ 为假,$i=2$,

$i=2,j=1,t_2=d_1(1=0)$ 为假,$i=3$,

$i=3,j=1,t_3=d_1(0=0)$ 为真,令 $j=2,j>m(2>3)$ 为假,于是

　　$j=2,t_4=d_2(0=0)$ 为真,令 $j=3,j>m(3>3)$ 为假,于是

　　$j=3,t_5=d_3(1=1)$ 为真,令 $j=4,j>m(4>3)$ 为真,于是

　　return $i=3$。

所以算法 3.1.3 对上例的输出为 3,即字符串 d"001"在文本 t"01001"第一次出现的位置索引为 3。

算法并不是总具有前面所提到的 7 个特征,有些算法会不满足其中的某个特征,如一般性、确定性或有限性。例如,随机算法并不要求每一步的中间结果唯一确定且只依赖于输入和前面步骤执行的结果,它会在某些步做出随机选择。洗牌算法就是一个随机算法,经过算法中的操作后,将序列中的项变成随机位置。

算法 3.1.4　洗牌算法

算法描述:该算法的目的是对序列进行洗牌。

输入:序列 s,序列长度 n

输出:洗牌后的序列 s

1. shuffle(s,n) {

2.　for $i=1$ to $n-1$ {

3.　swap($s_i,s_{\mathrm{rand}(i,n)}$)

4. }

在算法 3.1.4 中,rand(i,n)是一个函数,返回在整数 i 到 n 之间(包含 i 和 n)的一个随机整数。swap($s_i,s_{\mathrm{rand}(i,n)}$)表示交换 s_i 和 $s_{\mathrm{rand}(i,n)}$。

令序列 s 为
$$5,19,23,12,3.$$
对算法 3.1.4 进行跟踪。首先交换 s_1 和 $s_{\text{rand}(1,n)}$，假设 $\text{rand}(1,n)=3$，交换后得到序列 s 为
$$23,19,5,12,3.$$
然后交换 s_2 和 $s_{\text{rand}(2,n)}$，假设 $\text{rand}(2,n)=5$，交换后得到序列 s 为
$$23,3,5,12,19.$$
然后交换 s_3 和 $s_{\text{rand}(3,n)}$，假设 $\text{rand}(3,n)=3$，序列 s 没有变化。
然后交换 s_4 和 $s_{\text{rand}(4,n)}$，假设 $\text{rand}(4,n)=5$，交换后得到序列 s 为
$$23,3,5,19,12.$$

习　　题

1. 写出一个算法，找出三个数 a,b 和 c 中的最小数。

2. 写出一个算法，找到三个数 a,b 和 c 中第 2 小的数。假设 a,b 和 c 都不同。

3. 写出一个算法，输出序列 $s_1,\cdots,s_n$ 中的最小元素。

4. 写出一个算法，输出序列 $s_1,\cdots,s_n$ 中的最大元素和最小元素。

5. 写出一个算法，输出序列 $s_1,\cdots,s_n$ 中的最大元素和第 2 大的元素。假设 $n>1$，且序列中的数值都不同。

6. 写出一个算法，输出序列 $s_1,\cdots,s_n$ 中的最小元素和第 2 小的元素。假设 $n>1$，且序列中的数值都不同。

7. 写出一个算法，输出序列 $s_1,\cdots,s_n$ 中的最大数第一次出现的下标。例如，如果序列是 5.5,6.0,9,4.2,9，算法输出值为 3。

8. 写出一个算法，输出序列 $s_1,\cdots,s_n$ 中的最大数最后一次出现的下标。例如，如果序列是 5.5,6.0,9,4.2,9，算法输出值为 5。

9. 写出一个算法，计算序列 $s_1,\cdots,s_n$ 的和。

10. 写出一个算法，将序列 $s_1,\cdots,s_n$ 逆序排列。

11. 写出一个算法，输入 $n\times n$ 的矩阵 $\boldsymbol{A}$，输出是 $\boldsymbol{A}$ 的转置矩阵 $\boldsymbol{A}^{\mathrm{T}}$。

12. 写出一个算法，输入关系 R 的矩阵，判断 R 是否是自反的。

13. 写出一个算法，输入关系 R 的矩阵，判断 R 是否是对称的。

14. 写出一个算法，输入关系 R 的矩阵，判断 R 是否是传递的。

15. 写出一个算法，输入关系 R 的矩阵，判断 R 是否是反对称的。

16. 写出一个算法，输入关系 R 的矩阵，判断 R 是否是一个函数。

17. 写出一个算法，输入关系 R 的矩阵，输出是 R 的逆关系 R^{-1} 的矩阵。

18. 写出一个算法，输入关系 R_1 和 R_2 的矩阵作为输入，输出合成关系 $R_2 \circ R_1$ 矩阵。

19. 输入 50,55,144,259，写出插入排序算法 3.1.2 的输出。

20. 输入 35,35,35,35，写出插入排序算法 3.1.2 的输出。

21. 输入 $t=$"010000"和 $p=$"001"，写出文本搜索算法 3.1.3 的输出。

22. 输入 $t=$"Monday"和 $p=$"on"，写出文本搜索算法 3.1.3 的输出。

23. 输入为 15,36,72,91,132。假设 rand 函数的值为 rand(1,5)＝5 rand(2,5)＝5 rand(3,5)＝4 rand(4,5)＝4。写出洗牌算法的输出。

3.2 算 法 分 析

一个算法的优劣往往通过算法复杂度来衡量,算法复杂度包括时间复杂度和空间复杂度。

时间复杂度是算法的所需要消耗的时间,时间越短,算法越好。可以对算法的代码进行估计,而得到算法的时间复杂度。空间复杂度指的是算法程序在执行时所需要的存储空间。空间复杂度可以分为以下两个方面:

(1) 程序的保存所需要的存储空间资源,即程序的大小。

(2) 程序在执行过程中所需要消耗的存储空间资源,如中间变量等。

如果知道执行算法所需要的时间和空间,就可以比较求解同一个问题的不同算法。例如,求解某个问题,一个算法需要 n 步,另一个算法需要 n^2 步,那么在所需要的空间可接受的情况下,就会选择第一个算法。

对于一个算法,给定不同的输入,它的执行时间可以是不同的。例如,算法 3.1.2 插入排序,其中 while 循环执行的次数与输入的序列有关。如果输入的序列本来就是非递减的,则 val＜s_i 总是为假,不执行 while 循环体内语句。在这种情况下,算法的执行时间称为最好情形执行时间。如果输入的序列是递减的,则 val＜s_i 总是为真,while 循环体内语句总是执行。在这种情况下,算法的执行时间称为最坏情形执行时间。此外,对不同输入执行算法所需的平均时间称为平均执行时间。

对于输入规模为 n 的算法,一般关注的是执行时间随输入规模增大是如何增长的,即在 n 很大时算法的执行时间。例如,算法 A 和算法 B 是解决同一类问题的两种算法,算法 A 的时间复杂度是 $1\,000n$,算法 B 的时间复杂度是 $\lceil 1.1^n \rceil$。那么当 $n＝10$ 时,算法 A 需要 10 000 步,算法 B 只需要 3 步,看起来算法 B 更好。然而,当 $n＝1\,000$ 时,算法 A 需要 10^6 步,算法 B 则需要 2.5×10^{41} 步。显然,当输入规模 n 增大时,算法 A 变得无法接受了。因此,在分析算法的时间复杂度时,重点在于复杂度函数 $t(n)$ 的增长程度。于是,可以用一个增长速率和 $t(n)$ 相同,而形式更简单的表达式来代替 $t(n)$。

定义 3.2.1 设 f 和 g 是定义在正整数集合上的函数。

如果存在一个正整数 C_1 和 N_1,使得对所有的正整数 $n＞N_1$,有

$$|f(n)| \leqslant C_1 |g(n)|$$

则称 $f(n)$ 的最大数量级为 $g(n)$,记作 $f(n)＝O(g(n))$,读作 $f(n)$ 为 O 的 $g(n)$。

如果存在一个正整数 C_2 和 N_2,使得对所有的正整数 $n＞N_2$,有

$$|f(n)| \geqslant C_2 |g(n)|$$

则称 $f(n)$ 的最小数量级为 $g(n)$,记作 $f(n)＝\Omega(g(n))$,读作 $f(n)$ 为 Ω 的 $g(n)$。

如果 $f(n)＝O(g(n))$ 且 $f(n)＝\Omega(g(n))$,则称 $f(n)$ 的数量级为 $g(n)$,记作 $f(n)＝\Theta(g(n))$,读作 $f(n)$ 为 Θ 的 $g(n)$。

$f(n)＝O(g(n))$ 是指函数 g 是函数 f 的一个渐进上界,即除常数因子和有限个 n 外,f

的上界是 g。$f(n)=\Omega(g(n))$ 是指函数 g 是函数 f 的一个渐进下界,即除常数因子和有限个 n 外,f 的下界是 g。$f(n)=\Theta(g(n))$ 是指函数 g 是函数 f 的一个渐进紧密界,即除常数因子和有限个 n 外,f 的上、下界都是 g。

表示上界或下界的函数 g 一般取形式简单的函数,常用的函数 g 有

$$1, \log n, n, n \log n, n^2, n^3, 2^n, n!$$

它们随着 n 的增大而增大,如图 3.2.1 所示。这里用 $\log n$ 表示以 2 为底 n 的对数。

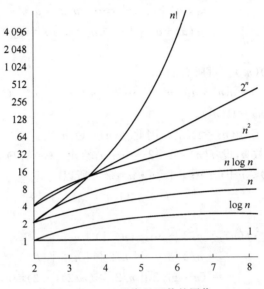

图 3.2.1 一些常见函数的图像

如果 $a>1$,$b>1$,不妨设 $\log_b a>0$,由对数的换底公式知,对所有的 $n\geqslant 1$,

$$\log_b n = \log_b a \, \log_a n$$

所以,对所有的 $n\geqslant 1$,

$$\log_b n \leqslant C \log_a n, \text{且} \log_b n \geqslant C \log_a n,$$

其中,$C=\log_b a$。因此 $\log_b n = O(\log_a n)$ 且 $\log_b n = \Omega(\log_a n)$,可得 $\log_b n = \Theta(\log_a n)$。

由于 $\log_b n = \Theta(\log_a n)$,表明 $\log_b n$ 和 $\log_a n$ 的数量级是一样的,因此不用指明对数的底数是多少,只需要简写为 $\log$ 即可。

例 3.2.2 对正整数 n,设 $f(n)=10n^2+5n+2$,给出 $f(n)$ 的 Θ 表示。

解 对 $n\geqslant 1$,

$$f(n) \leqslant 10n^2 + 5n^2 + 2n^2 = 17n^2$$

令定义 3.2.1 中的 $C_1=17$ 得到

$$f(n) = O(n^2)$$

对 $n\geqslant 1$,$f(n)=10n^2+5n+2\geqslant 10n^2$。

令定义 3.2.1 中的 $C_2=10$ 得到

$$f(n) = \Omega(n^2)$$

由于 $f(n)=O(n^2)$ 且 $f(n)=\Omega(n^2)$,所以

$$f(n) = \Theta(n^2)$$

类似于例 3.2.2,可以证明系数非负的 n 的 k 次多项式是 $\Theta(n^k)$。如果用做些修改的方法,还可以证明更一般的结果:任意的 n 的 k 次多项式是 $\Theta(n^k)$,即使某些系数是负的。

定理 3.2.3 对正整数 n，令 $p(n) = a_k n^k + a_{k-1} n^{k-1} + \cdots + a_1 n + a_0$ 是 n 的 k 次多项式，其中每个 a_i 非负，则 $p(n) = \Theta(n^k)$。

证明 首先证明 $p(n) = O(n^k)$。令

$$C_1 = a_k + a_{k-1} + \cdots + a_1 + a_0$$

则对所有的 n,

$$
\begin{aligned}
p(n) &= a_k n^k + a_{k-1} n^{k-1} + \cdots + a_1 n + a_0 \\
&\leqslant a_k n^k + a_{k-1} n^k + \cdots + a_1 n^k + a_0 n^k \\
&= (a_k + a_{k-1} + \cdots + a_1 + a_0) n^k = C_1 n^k
\end{aligned}
$$

因此 $p(n) = O(n^k)$。

下面证明 $p(n) = \Omega(n^k)$。对所有的 n,

$$p(n) = a_k n^k + a_{k-1} n^{k-1} + \cdots + a_1 n + a_0 \geqslant a_k n^k = C_2 n^k$$

这里，$C_2 = a_k$。因此 $p(n) = \Omega(n^k)$。

由于 $p(n) = O(n^k)$ 且 $p(n) = \Omega(n^k)$，因此 $p(n) = \Theta(n^k)$。

例 3.2.4 对正整数 n，设 $f(n) = 1 + 2 + \cdots + n$，给出 $f(n)$ 的 Θ 表示。

解 对 $n \geqslant 1$，$f(n) \leqslant n + n + \cdots + n = n \cdot n = n^2$。所以

$$f(n) = O(n^2)$$

又因为对 $n \geqslant 1$，有

$$
\begin{aligned}
f(n) &\geqslant \lceil n/2 \rceil + \cdots + (n-1) + n \\
&\geqslant \lceil n/2 \rceil + \cdots + \lceil n/2 \rceil + \lceil n/2 \rceil \\
&= \lceil (n+1)/2 \rceil \lceil n/2 \rceil \geqslant (n/2)(n/2) = n^2/4
\end{aligned}
$$

所以

$$f(n) = \Omega(n^2)$$

因此

$$f(n) = \Theta(n^2)$$

注意，在例 3.2.4 推导下界的过程中，如果模仿前面的例子用 1 代替 $1 + 2 + \cdots + n$ 中的 $1, 2, \cdots, n$，得到

$$1 + 2 + \cdots + n \geqslant 1 + 1 + \cdots + 1 = n, \quad n \geqslant 1$$

这时，可得

$$1 + 2 + \cdots + n = \Omega(n)$$

虽然上式是正确的，但是并不能推出 $1 + 2 + \cdots + n$ 的 Θ 估计，因为上界 n^2 和下界 n 不相等。所以在推导下界时，采用了更巧妙的办法。

类似于例 3.2.4，可以证明如下结论。

定理 3.2.5 对正整数 n，令 $p(n) = 1^k + 2^k + \cdots + n^k$，则 $p(n) = \Theta(n^{k+1})$。

证明 对 $n \geqslant 1$,

$$p(n) = 1^k + 2^k + \cdots + n^k \leqslant n^k + n^k + \cdots + n^k = n \cdot n^k = n^{k+1}$$

所以

$$p(n) = O(n^{k+1})$$

又因为对 $n \geqslant 1$,

$$
\begin{aligned}
p(n) &\geqslant \lceil n/2 \rceil^k + \cdots + (n-1)^k + n^k \\
&\geqslant \lceil n/2 \rceil^k + \cdots + \lceil n/2 \rceil^k + \lceil n/2 \rceil^k \\
&= \lceil (n+1)/2 \rceil \lceil n/2 \rceil^k \geqslant (n/2) \lceil n/2 \rceil^k = n^{k+1}/n^{k+1}
\end{aligned}
$$

所以
$$p(n)=\Omega(n^{k+1})$$
因此
$$p(n)=\Theta(n^{k+1})$$

注意区分定理 3.2.3 和定理 3.2.5,在定理 3.2.3 的多项式中有固定个数的项,而在定理 3.2.5 的公式中项的个数依赖于 n。

例 3.2.6　对正整数 n,证明 $\log n!=\Theta(n\log n)$。

证明　根据对数的性质,有
$$\log n!=\log n+\log(n-1)+\cdots+\log 2+\log 1$$
对所有的 $n\geqslant 1$。由于 $\log$ 是一个增函数,
$$\log n+\log(n-1)+\cdots+\log 2+\log 1\leqslant\log n+\log n+\cdots+\log n+\log n=n\log n$$
所以
$$\log n!=O(n\log n)$$
对所有的 $n\geqslant 4$,有
$$\begin{aligned}
\log n+\log(n-1)+\cdots+\log 2+\log 1&\geqslant\log n+\log(n-1)+\cdots+\log\lceil n/2\rceil\\
&\geqslant\log\lceil n/2\rceil+\cdots+\log\lceil n/2\rceil\\
&=\lceil(n+1)/2\rceil\log\lceil n/2\rceil\\
&\geqslant(n/2)\log(n/2)\\
&=(n/2)[\log n-\log 2]\\
&=(n/2)[(\log n)/2+((\log n)/2-1)]\\
&\geqslant(n/2)(\log n)/2\\
&=n\log n/4
\end{aligned}$$
上面用到了对所有的 $n\geqslant 4$,$(\lg n)/2\geqslant 1$。所以
$$\lg n!=\Omega(n\lg n)$$
因此
$$\lg n!=\Theta(n\lg n)$$

例 3.2.7　证明如果 $f(n)=\Theta(g(n))$ 且 $g(n)=\Theta(h(n))$,那么 $f(n)=\Theta(h(n))$。

证明　因为 $f(n)=\Theta(g(n))$,存在常数 C_1,C_2 和 N_1,使得对所有的正整数 $n>N_1$,
$$C_1|g(n)|\leqslant|f(n)|\leqslant C_2|g(n)|$$
因为 $g(n)=\Theta(h(n))$,存在常数 C_3,C_4 和 N_2,使得对所有的正整数 $n>N_2$,
$$C_3|h(n)|\leqslant|g(n)|\leqslant C_4|h(n)|$$
因此对所有的正整数 $n>\max(N_1,N_2)$,
$$C_1C_3|h(n)|\leqslant C_1|g(n)|\leqslant|f(n)|\leqslant C_2|g(n)|\leqslant C_2C_4|h(n)|$$
可得 $f(n)=\Theta(h(n))$。

习　　题

1. 写出下列表达式的 Θ 表示。

(1) $5+3n$;

(2) $2n^3+10n^2+3$;

(3) $n^2+2n\lg n$;

(4) $\lg n+3n\lg n+2n$;

(5) $2+4+6+\cdots+2n$;

(6) $(6n+4)(1+\lg n)$;

(7) $\dfrac{(n+1)(n+3)}{n+2}$;

(8) $\dfrac{(n^2+\lg n)(n+2)}{n+n^2}$;

(9) $2+4+8+16+\cdots+2^n$。

2. 写出下列 $f(n)+g(n)$ 的 Θ 表示。

(1) $f(n)=\Theta(n),g(n)=\Theta(2n^2)$;

(2) $f(n)=3n^3+2n^2+4,g(n)=\Theta(n\lg n)$;

(3) $f(n)=\Theta(n^{3/2}),g(n)=\Theta(n^{5/2})$;

(4) $f(n)=\Theta(n^2\lg n),g(n)=\Theta(n^3)$。

3. 判断下列等式是否成立,并说明原因。

(1) $f(n)+g(n)=\Theta(h(n))$,其中 $h(n)=\max\{f(n),g(n)\}$。

(2) $f(n)+g(n)=\Theta(h(n))$,其中 $h(n)=\min\{f(n),g(n)\}$。

3.3 递 归 算 法

递归算法是一种通过重复将问题分解为同类的子问题而解决问题的方法。递归算法可以被用于解决很多的计算机科学问题,因此它是计算机科学中十分重要的一个概念。绝大多数编程语言支持函数的自调用,在这些语言中函数可以通过调用自身来进行递归,这种函数称为递归函数。计算理论可以证明递归的作用可以完全取代循环,因此在一些函数编程语言中习惯用递归来实现循环。

例 3.3.1 给定一个正整数 n,n 的阶乘定义为所有大于 0,小于等于 n 的整数的乘积,用符号表示,即 $n!=n\cdot(n-1)\cdot(n-2)\cdots\cdot 3\cdot 2\cdot 1$。注意到

$$n!=n\cdot(n-1)!=n\cdot(n-1)\cdot(n-2)!$$

要计算 $n!$ 这个问题,可以先计算 $(n-1)!$ 这个子问题,而要计算 $(n-1)!$ 这个问题,可以先计算 $(n-2)!$ 这个子问题,一直进行到计算 $1!$。然后再由子问题组合,直到得到问题的解。根据这一思想,可以提出下面的计算阶乘的递归算法。

算法 3.3.2 计算 n 的阶乘

算法描述:该算法的目的是递归计算 $n!$

输入:一个正整数 n

输出:$n!$

1. factorial(n) {

2. if($n==1$)

3.   return 1

4.　　　return $n * \mathrm{factorial}(n-1)$

5.　}

在算法 3.3.2 中,第二行判断 n 是否为 1,如果为 1,函数返回值为 1,即 1!。否则函数返回 $n * \mathrm{factorial}(n-1)$,即递归地调用自身。

例 3.3.3　有 n 个台阶,每次只能跨一阶或两阶,问上 n 个台阶有多少种方式。

解　上 1 个台阶,就是跨 1 阶,所以只有 1 种方式。

上 2 个台阶,可以跨 1,1 阶,或跨 2 阶,所以有 2 种方式。

上 3 个台阶,可以跨 1,1,1 阶,或跨 1,2 阶,或跨 2,1 阶,所以有 3 种方式。

上 4 个台阶,可以跨 1,1,1,1 阶,或跨 1,1,2 阶,或跨 1,2,1 阶,或跨 2,1,1 阶,或跨 2,2 阶,所以有 5 种方式。

令 walk(n)表示上 n 阶的方式数目,可知 walk(1)＝1,walk(2)＝2。下面设 $n>2$。如果第一步跨 1 阶,那么剩下的台阶有 walk($n-1$)种跨法。如果第一步跨 2 阶,那么剩下的台阶有 walk($n-2$)种跨法。由于每种方法或者以跨 1 阶开始,或者以跨 2 阶开始,因此得到

$$\mathrm{walk}(n)=\mathrm{walk}(n-1)+\mathrm{walk}(n-2)$$

可以把计算 walk(n)的公式写成如下的递归算法。

算法 3.3.4　上台阶算法

算法描述:该算法用于计算函数

$$\mathrm{walk}(n)=\begin{cases}1, & n=1\\ 2, & n=2\\ \mathrm{walk}(n-1)+\mathrm{walk}(n-2), & n>2\end{cases}$$

输入:n

输出:walk(n)

1. walk(n)　{

2.　　　if($n==1 \vee n==2$)

3.　　　　　return

4.　　　return walk($n-1$)+walk($n-2$)

5. }

序列 walk(1),walk(2),walk(3),walk(4),walk(5),walk(6),…为 1,2,3,5,8,13,…

由此引入 Fibonacci 序列$\{f_n\}$:

$$f_0=0,\quad f_1=1,\quad f_n=f_{n-1}+f_{n-2}(n\geqslant 2)$$

可以看出对所有的 $n\geqslant 1$,walk(n)＝f_{n+1}。

Fibonacci 序列以意大利数学家 Leonardo Fibonacci 的名字命名,最早出现在关于兔子的生长数目问题中。这个问题是:

- 第一个月初有一对刚诞生的兔子;
- 第二个月之后(第三个月初)它们可以生育;
- 每月每对可生育的兔子会诞生下一对新兔子;
- 兔子永不死去。

问第 n 个月的兔子数目。

科学家发现,一些植物的花瓣、萼片、果实的数目以及排列方式,都有一个神奇的规律,就是非常符合 Fibonacci 序列。例如,图 3.3.1 所示松果顺时针旋转的螺旋是 8 条,逆时针旋转的螺旋是 13 条。此外,还有向日葵、菊花、菠萝等都是按这种方式生长的,顺时针、逆时针螺旋数会出现 13 和 21,34 和 55,89 和 144 等。

图 3.3.1 一个松果

Fibonacci 序列具有很多数学性质。例如,每 3 个连续的 Fibonacci 数有且只有一个被 2 整除;每 4 个连续的 Fibonacci 数有且只有一个被 3 整除;每 5 个连续的 Fibonacci 数有且只有一个被 5 整除。

习　　题

1. 利用公式 $s_1 = 1, s_n = s_{n-1} + n$(对所有的 $n \geqslant 2$),编写一个递归算法,计算 $s_n = 1 + 2 + 3 + \cdots + n$。

2. 利用公式 $s_1 = 2, s_n = s_{n-1} + 2n$(对所有的 $n \geqslant 2$),编写一个递归算法,计算 $s_n = 2 + 4 + 6 + \cdots + 2n$。

3. 编写一个递归算法,找出有限的数序列中的最小数。

4. 编写一个递归算法,找出有限的数序列中的最大数。

第4章

密码与数论

密码学研究发送和接收加密信息的方法。在**发送者**尝试发送信息给**接收者**时，**敌对者**想窃取信息。如果可以构造方法，使得发送者发送的消息，即便被敌对者窃取到了，敌对者也无法知道消息的实际内容是什么，那么构造的方法就是成功的密码学方法了。敏感信息，如银行账户、信用卡账单、网络账户密码等，需要**编码**之后才可以发送，以使得信息只能被有权限的相关人士了解，无关人士不能知晓敏感信息。

4.1 私钥密码学和公钥密码系统

传统的密码学是**私钥密码学**。发送者和接收者事先商议好编码方案，制定密码本。然后按照密码本编码后发送和接收信息。举个例子，**凯撒密码**是最古老的密码方案之一。在这种编码方案中，字母表中的字母通过加上固定的数值进行转换编码。原始的信息被称为明文，编码后的信息被称为密文。

下面的密码本就是一个凯撒密码的例子。

明文	A	B	C	D	E	F	G	H	I	J	K	L	M	N	O	P	Q	R	S	T	U	V	W	X	Y	Z
密文	E	F	G	H	I	J	K	L	M	N	O	P	Q	R	S	T	U	V	W	X	Y	Z	A	B	C	D

如果想发送如下明文消息：

ONE IF BY LAND AND TWO IF BY SEA，

可以发送下面的密文：

SRI MJ FC PERH ERH XAS MJ FC WIE。

凯撒密码是特别容易在计算机上，通过被称为对 26 取模余的算术运算实现的。记号

$$m \bmod n$$

表示用 m 除以 n 所得到的余数。更准确地说，我们可以给出如下定义。

定义 4.1.1 对于整数 m 和正整数 n，$m \bmod n$ 是满足下面等式的最小的非负整数 r。

$$m = nq + r$$

这里，q 是整数。

下面的定理告诉我们，上述定义中的 r 是一定存在的。

定理 4.1.2 如果 n 是正整数，那么对于任意整数 m，一定存在唯一的整数 q 和 r，使得

$m = nq + r$ 而且 $0 \leqslant r < n$。

例 4.1.3 根据 $m \bmod n$ 的定义计算 $10 \bmod 7$ 和 $-10 \bmod 7$。此时 q 和 r 分别是多少？是否有 $(-m) \bmod n = -(m \bmod n)$？

解 $10 = 7 \times 1 + 3$，也就是说 $10 \bmod 7$ 就是 3。类似地，$-10 = 7 \times (-2) + 4$，所以 $-10 \bmod 7$ 就是 4。从中可以看到，$(-m) \bmod n$ 并不一定等于 $-(m \bmod n)$。事实上，它们一般不相等，除非 $m \bmod n = 0$。注意，$-3 \bmod 7$ 也是 4。进一步讨论，$(-10+3) \bmod 7 = 0$，这意味着，当我们考虑整数对 7 进行取模余运算时，-10 和 -3 本质上是一样的。

请读者继续考虑下面两道例题。

例 4.1.4 用 0 表示 A，1 表示 B，2 表示 C，依次进行下去，也就是说，用数字从 0 到 25 表示字母表中的字母。按照这种办法，可以把信息转换为一串数字的序列。比如，SEA 就转换为 $18\ 4\ 0$。如果我们把每个字母向右移动两个位置，这个单词的数字表示形式又是什么？如果把每个字母向右移动 13 个位置呢？如何用 $m \bmod n$ 的思路实现凯撒密码？

例 4.1.5 如果有人把自然语言的一些信息用凯撒密码加密，但没有明确移动了每个字母多少个位置。怎样求解出这些信息？用计算机能否快速求解？

从前面的讨论可以看到，掌握了编码的接收者可以对信息解码。同时，某位偶然获取了信息的读者，如果不了解加密的具体方法，就不能解码。这样看起来，如果编码足够复杂，我们就有了足够安全的密码方案。但不幸地是，这种方法至少有两点不足。首先，一旦敌对者以某种方式掌握了编码，那么他们就可以很容易地解码。其次，如果编码方案重复了足够多次，敌对者有足够的时间、金钱和计算能力，他们就可以破解编码。在密码学领域，一些实体组织，比如政府或者大公司，就可能拥有这些资源。一般来说，任何使用事先协商一致确定下来的密码本的方案，即便可能是复杂的方案，都不能避免这两点不足。

公钥密码系统克服了使用密码本时遇到的难题。在公钥密码系统中，发送者和接收者经常被称为爱丽丝（*Alice*）和鲍勃（*Bob*）。他们不必事先协商一致确定密码本。事实上，在公共文件目录中他们分别公开了各自编码方案的部分内容。尽管如此，即便敌对者可以获取编码之后的信息，也可以了解到包括编码部分内容的公共文件，也无法破译信息。

更准确地说，爱丽丝和鲍勃都有两个密码本，一本**公钥**和一本**密钥**。我们分别用 KP_A 和 KS_A 表示爱丽丝的公钥和密钥，用 KP_B 和 KS_B 表示鲍勃的公钥和密钥。他们各自保存好自己的密钥且公开他们的公钥，公钥对所有人都是可见的，包括敌对者。密码本使用了一些函数，这些函数是从可能的信息构成的集合 D 到 D 自身的函数。把与 KP_A、KS_A、KP_B 和 KS_B 相关的函数分别记为 P_A、S_A、P_B 和 S_B。我们要求选取的公钥和密钥所对应的函数互为反函数，也就是说，对于任意的消息 $M \in D$，有

$$M = S_A(P_A(M)) = P_A(S_A(M))$$

$$M = S_B(P_B(M)) = P_B(S_B(M))$$

我们还假定对于爱丽丝来说，S_A 和 P_A 都是容易计算的。然而，除爱丽丝可以计算 S_A 外，其他任何人即便是已经知道了 P_A 也很难计算 S_A。第一眼看起来，这似乎是不可能的：爱丽丝必须创造一个公开的函数 P_A，对每个人来说都很容易计算，但同时这个函数的反函数 S_A，对于除爱丽丝以外的每个人，都很难计算。设计这样的函数并不容易。实际上，当公钥密码的设想最初被提出时，没有人知道这样的函数究竟是什么样的。第一个完整的公钥密码系统就是现在著名的 RSA 密码系统，它应用很广泛。它以发明者 Ronald L. Rivest、

Adi Shamir和 Leonard M. Adleman 的姓名命名。要学习了解这样的密码系统为什么可行,需要一些**数论**知识。所以,在接下来的小节里面,先学习必要的数论知识。

习　　题

1. 计算 14 mod 9、－1 mod 9 和－11 mod 9。
2. 用凯撒密码把信息 HERE IS A MESSAGE 加密,加密时把字母向左移动三个位置。

4.2　数　　论

本节首先研究基本的算术运算(加、减、乘、除和幂运算)在取模余时的情况。可以看到,取模余时的加、减和乘运算,是比较简单的。另外,取模余时的除法和幂运算,非常不同于普通的除法和幂运算。

例 4.2.1　计算 $21 \bmod 9, 38 \bmod 9, (21 \cdot 38) \bmod 9, (21 \bmod 9) \cdot (38 \bmod 9)$, $(21+38) \bmod 9, (21 \bmod 9)+(38 \bmod 9)$。

经过计算,可以发现,
$$(21 \cdot 38) \bmod 9 = (21 \bmod 9) \cdot (38 \bmod 9)$$
和
$$(21+38) \bmod 9 = (21 \bmod 9)+(38 \bmod 9)$$

例 4.2.2　判断下面两个等式是否正确。
$$i \bmod n = (i+2n) \bmod n$$
$$i \bmod n = (i-3n) \bmod n$$

上面这两个等式都是成立的。因为把 n 的倍数加到 i 上,不会改变 $i \bmod n$ 的值。对于一般的情况,有下面的引理。

引理 4.2.3　对任意的整数 k,都有 $i \bmod n = (i+kn) \bmod n$。

证明　根据定理 4.1.2,存在唯一的整数 q 和 r, $0 \leqslant r < n$,使得 $i = nq+r$。把 kn 加到等式的两边,得到 $i+kn = n(q+k)+r$。由 $i \bmod n$ 的定义,从上面两个等式可以得到 $r = i \bmod n$ 和 $r = (i+kn) \bmod n$ 。证毕。

类似于例 4.2.1 的一般情况,也有下面的引理。

引理 4.2.4
$$\begin{aligned}
(i+j) \bmod n &= (i+(j \bmod n)) \bmod n \\
&= ((i \bmod n)+j) \bmod n \\
&= ((i \bmod n)+(j \bmod n)) \bmod n
\end{aligned}$$
$$\begin{aligned}
(i \cdot j) \bmod n &= (i \cdot (j \bmod n)) \bmod n \\
&= ((i \bmod n) \cdot j) \bmod n \\
&= ((i \bmod n) \cdot (j \bmod n)) \bmod n
\end{aligned}$$

请读者自己完成该引理的证明过程。

下面介绍一种取模余运算的表示方法。用 Z_n 表示整数 $0, 1, \cdots, n-1$,用 $+_n$ 和 $\cdot_n$ 表示重新定义之后的加法和乘法,通常被称为模 n 加法和模 n 乘法。

$$i +_n j = (i+j) \bmod n$$
$$i \cdot_n j = (i \cdot j) \bmod n$$

不难证明,模 n 加法和模 n 乘法满足交换律、结合律和分配率。

定理 4.2.5 模 n 加法和模 n 乘法满足交换律和结合律,模 n 乘法对模 n 加法是可分配的。

$$a +_n b = b +_n a$$
$$a \cdot_n b = b \cdot_n a$$
$$(a +_n b) +_n c = a +_n (b +_n c)$$
$$(a \cdot_n b) \cdot_n c = a \cdot_n (b \cdot_n c)$$
$$a \cdot_n (b +_n c) = a \cdot_n b +_n a \cdot_n c$$

同时可以注意到 $0 +_n i = i$ 和 $1 \cdot_n i = i$。这两个等式被称为**加法同一律**和**乘法同一律**。还有 $0 \cdot_n i = 0$。用 $a -_n b$ 表示 $a +_n (-b)$。

为了介绍 RSA 密码系统,需要先考虑形如 $a \cdot_n x = b$ 的方程在 Z_n 中是否有唯一解的问题。为此,需要引入模 n 乘法逆元的概念。如果 Z_n 中存在数字 a' 满足 $a \cdot_n a' = 1$,那么就称 a' 是 a 的**模 n 乘法逆元**,简称乘法逆元或逆元。比如,在 Z_9 中,2 的逆元是 5,因为 $2 \cdot_9 5 = 1$。再比如,在 Z_9 中,3 没有逆元,因为 $3 \cdot_9 x = 1$ 无解。

如果 a 有逆元 a',那么就可以找到方程 $a \cdot_n x = b$ 的一个解。只需在方程等号的两边同时乘以 a',就得到 $a' \cdot_n (a \cdot_n x) = a' \cdot_n b$。根据结合律,就有 $(a' \cdot_n a) \cdot_n x = a' \cdot_n b$。又因为 $a' \cdot_n a' = 1$,所以就得到 $x = a' \cdot_n b$。

因为上述计算过程对于任意满足方程的 x 都是成立的,所以满足方程的 x 是唯一确定的,只能是 $a' \cdot_n b$。这就得到了下面的引理。

引理 4.2.6 假设在 Z_n 中 a 有乘法逆元 a',那么对于任意的 $b \in Z_n$,方程 $a \cdot_n x = b$ 有唯一解 $x = a' \cdot_n b$。

注意引理对于任意的 $b \in Z_n$ 都是成立的。根据引理 4.2.6,马上又可以得到下面的推论。

推论 4.2.7 假设 a 和 b 都是 Z_n 中的元素,$a \cdot_n x = b$ 无解,那么在 Z_n 中 a 没有乘法逆元。

例 4.2.8 对于 $n = 5, 6, 7, 8$ 和 9,判断 Z_n 中的每个非零元素是否都有乘法逆元。

下面的表格给出了 Z_5 中每个非零元素 a 的乘法逆元。

a	1	2	3	4
a'	1	3	2	4

类似地,也可以给出 Z_7 中每个非零元素 a 的乘法逆元。

a	1	2	3	4	5	6
a'	1	4	5	2	3	6

也就是说,Z_5 和 Z_7 中每个非零元素都有乘法逆元。

但是,在 Z_9 中就不是每个非零元素都有乘法逆元了。前面已经介绍过,在 Z_9 中,3 没有逆元,因为 $3 \cdot_9 x = 1$ 无解。实际上,在 Z_9 中,6 没有逆元,因为 $6 \cdot_9 x = 1$ 也无解。对于 Z_9 中非零元素的乘法逆元的情况,可以给出下表。

a	1	2	3	4	5	6	7	8
a'	1	5	−	7	2	−	4	8

类似地,给出 Z_6 中非零元素的乘法逆元的情况如下表。

a	1	2	3	4	5
a'	1	−	−	−	5

Z_8 中非零元素的乘法逆元的情况如下表。

a	1	2	3	4	5	6	7
a'	1	−	3	−	5	−	7

综上所述,Z_5 和 Z_7 中每个非零元素都有乘法逆元,但是 Z_6,Z_8 和 Z_9 中总有一些非零元素没有乘法逆元。注意 5 和 7 是素数,而 6,8 和 9 不是素数。进一步地,还可以注意到,Z_n 中没有乘法逆元的元素,恰好是那些与 n 有大于 1 的公因子的数字。

例 4.2.9 如果 Z_n 中的某个元素有乘法逆元,那么它会不会有两个不同的乘法逆元?

在前面的例题中,可以验证,Z_5、Z_6、Z_7、Z_8 和 Z_9 中每个有逆元的元素,都恰好仅有一个逆元。下面的定理给出了原因。

定理 4.2.10 如果 Z_n 中的某个元素有乘法逆元,那么它仅有一个逆元。

证明 假设 Z_n 中的某个元素 a 有乘法逆元 a',假设 a^* 也是 a 的逆元。那么,a' 是 $a \cdot_n x = 1$ 的解,a^* 也是 $a \cdot_n x = 1$ 的解。但是根据引理 4.2.6,方程 $a \cdot_n x = 1$ 有唯一解。因此 $a' = a^*$。证毕。

如果 Z_n 中的元素 a 有乘法逆元,就用 a^{-1} 表示 a 的唯一逆元。Z_n 中 b 除以 a,就是 b 乘以 $a^{-1} \bmod n$。

可以把方程 $a \cdot_n x = 1$ 再表示成 $ax \bmod n = 1$。$ax \bmod n = 1$ 当且仅当存在整数 q 使得 $ax = qn + 1$,也就是 $ax - qn = 1$。这样就得到了下面的引理。

引理 4.2.11 方程 $a \cdot_n x = 1$ 在 Z_n 中有解当且仅当存在整数 x 和 y 使得 $ax + ny = 1$。

证明 在 $ax - qn = 1$ 中,令 $y = -q$ 即可得证。

下面研究 a 的模 n 乘法逆元与 a 和 n 的公因子之间的关系。先考虑下面的例题。

例 4.2.12 假设 a 是整数,n 是正整数,存在着整数 x 和 y 使得 $ax + ny = 1$。那么,a 的模 n 乘法逆元是否存在?如果 a 在 Z_n 中有乘法逆元,逆元是什么?

从引理 4.2.11 可以直接得到下面的定理。

定理 4.2.13 在 Z_n 中 a 有乘法逆元当且仅当存在整数 x 和 y 使得 $ax + ny = 1$。

如果 a 有乘法逆元,逆元是什么?下面的推论回答了这个问题。

推论 4.2.14 若 $a \in Z_n$ 而且整数 x 和 y 使得 $ax + ny = 1$,则 Z_n 中 a 的乘法逆元是 $x \bmod n$。

证明 因为在 Z_n 中 $n \cdot_n y = 0$,所以,在 Z_n 中 $a \cdot_n x = 1$。因此,$x \bmod n$ 就是 a 在 Z_n 中的逆元。

例 4.2.15 如果存在整数 x 和 y 使得 $ax + ny = 1$,那么除 1 和 −1 外,a 和 n 还有没有其他的公因子?

如果 a 和 n 有公因子 k,也就是说,存在整数 s 和 q,使得 $a = sk$ 且 $n = qk$。代入 $ax + ny = 1$ 中,就得到 $1 = ax + ny = skx + qky = k(sx + qy)$。因此 k 是 1 的因子。因为 1 的整数因子只能是 ± 1,所以 $k = \pm 1$。也就是说,除 1 和 −1 外,a 和 n 没有其他公因子了。

一般来说，两个数字 j 和 k 的最大公因子就是 j 和 k 的共同因子中最大的数字 d。j 和 k 的最大公因子表示为 $\gcd(j,k)$。如果 $\gcd(j,k)=1$，那么就称 j 和 k 是互素的。

由前面刚刚讨论过的例题，可以得到下面的引理。

引理 4.2.16 给出 a 和 n，如果存在整数 x 和 y 使得 $ax+ny=1$，那么 $\gcd(a,n)=1$，也就是说，a 和 n 是互素的。

如果把定理 4.2.13 和引理 4.2.16 联系起来看，就会得到下面的结论。如果 a 有模 n 乘法逆元，那么 $\gcd(a,n)=1$。接下来，很自然地，就会有一个问题，"如果 $\gcd(a,n)=1$，那么 a 有乘法逆元"是否也对。如果这句话也对，那就可以通过计算 a 和 n 的最大公因子来判断 a 是否有模 n 乘法逆元。为了这个目的，需要考虑计算 $\gcd(a,n)$ 的算法。

欧几里得辗转相除法是计算最大公因子的重要工具。

定理 4.2.17 如果给出正整数 n，那么对于任意的非负整数 m，存在唯一的整数 q 和 r，满足 $m=nq+r,0\leqslant r<n$。

请大家自己给出定理的证明。证明时可以使用反证法、归纳法等证明方法。

例 4.2.18 假设 $k=jq+r$，那么 $\gcd(j,k)$ 和 $\gcd(r,j)$ 有什么关系？

引理 4.2.19 如果 j,k,q 和 r 是正整数，满足 $k=jq+r$，那么 $\gcd(j,k)=\gcd(r,j)$。

在证明引理时，可以首先证明如果 d 是 j 和 k 的因子，那么 d 也是 r 和 j 的因子；然后再证明如果 d 是 r 和 j 的因子，那么 d 也是 j 和 k 的因子。具体的证明过程请大家自己完成。

根据定理 4.2.17，不妨设引理 4.2.19 中的 $r<j$，再由 j,k,q 和 r 是正整数可得 $j<k$。因此，引理就把计算 $\gcd(j,k)$ 的问题简化为计算 $\gcd(r,j)$ 的问题了。这就是欧几里得算法，又称辗转相除法。

例 4.2.20 利用引理 4.2.19，求出 24 和 14 的最大公因子，以及 252 和 189 的最大公因子。

$$24=14\cdot1+10$$
$$14=10\cdot1+4$$
$$10=4\cdot2+2$$
$$4=2\cdot2+0$$

所以，$\gcd(24,14)=\gcd(14,10)=\gcd(10,4)=\gcd(4,2)=\gcd(2,0)=2$。类似地，

$$252=189\cdot1+63$$
$$189=63\cdot3+0$$

所以，$\gcd(252,189)=\gcd(189,63)=63$。

对前面的过程进行深入分析后可以发现，不仅可以得到最大公因子，而且还可以得到数字 x 和 y 使得 $\gcd(j,k)=jx+ky$。这就解决了正在研究的问题，因为如果 $\gcd(a,n)=1$，那么整数 x 和 y 使得 $ax+ny=1$。进一步地，可以知道如何找到 x，也就是 a 的乘法逆元。

对于 $k=jq$ 的情况，j 就是 j 和 k 的最大公因子，此时得到 x 的值为 1，y 的值为 0。

对于 $k=jq+r,0<r<j$（也就是 $k\neq jq$）的情况，递归地进行计算 $\gcd(r,j)$ 的过程，得到满足 $\gcd(r,j)=rx'+jy'$ 的 x' 和 y'。因为 $r=k-jq$，代入后得到

$$\gcd(r,j)=(k-jq)x'+jy'=kx'+j(y'-qx')$$

因此，$\gcd(j,k)=\gcd(r,j)$ 时，$x=y'-qx',y=x'$。这个过程称为**推广的欧几里得算法**。

例 4.2.21 用推广的欧几里得算法找到数字 x 和 y，使得 14 和 24 的最大公因子是 $14x+24y$。

下面的表格给出了计算过程。

i	$j[i]$	$k[i]$	$q[i]$	$r[i]$	$x[i]$	$y[i]$
0	14	24	1	10		
1	10	14	1	4		
2	4	10	2	2		
3	2	4	2	0	1	0
2	4	10	2	2	-2	1
1	10	14	1	4	3	-2
0	14	24	1	10	-5	3

结果是：$\gcd=2, x=-5, y=3$。

从上述讨论可以得到下面的定理。

定理 4.2.22 对于给定的两个整数 j 和 k，用推广的欧几里得算法可以计算得到 $\gcd(j,k)$ 和两个整数 x 和 y 使得 $\gcd(j,k)=jx+ky$。

由推广的欧几里得算法可以把引理 4.2.16 扩充为下面的定理。

定理 4.2.23 两个整数 j 和 k 的最大公因子为 1（也就是互素）当且仅当存在整数 x 和 y 使得 $jx+ky=1$。

再结合引理 4.2.11，就可得到下面的推论。

推论 4.2.24 对任意正整数 n，Z_n 中的元素 a 有乘法逆元当且仅当 $\gcd(a,n)=1$。

很显然，如果 n 是素数，那么对于 Z_n 中所有的非零元素 a 都有 $\gcd(a,n)=1$。这样就又得到了下面的推论。

推论 4.2.25 对任意的素数 p，Z_p 中每个非零元素 a 都有逆元。

推广的欧几里得算法不仅可以判断是否存在逆元，而且给出了求逆元的方法。综合前面的讨论，可以给出下面的推论。

推论 4.2.26 如果 Z_n 中的元素 a 有逆元，那么可以使用推广的欧几里得算法得到整数 x 和 y 使得 $ax+ny=1$。Z_n 中 a 的逆元就是 $x \bmod n$。

习　题

1. 如果 $a \cdot 133-m \cdot 277=1$，能否确认 a 有模 m 乘法逆元？如果有，逆元是什么？如果没有，为什么？

2. 判断当 $n=10$ 或 $n=11$ 时，Z_n 中的每个非零元素是否都有乘法逆元，并说明原因。

3. 对于 Z_n 中的某个非零元素 b，一般来说，满足 $a \cdot_n b=1$ 的 Z_n 中元素 a 有多少个？

4. 用欧几里得算法求 210 和 126 的最大公因子。

5. 用推广的欧几里得算法计算 576 和 486 的最大公因子，写出详细的计算步骤。

6. 在 Z_{103} 中求解方程 $16 \cdot_{103} x = 21$。

7. 如果 $k = jq + r$,那么 $\gcd(j, k)$ 和 $\gcd(r, k)$ 有没有关系?如果有,是什么?

8. 斐波那契额 $\{F_i\}$ 的定义如下:

$$F_i = \begin{cases} 1, & \text{如果 } i \text{ 是 1 或者 2} \\ F_{i-1} + F_{i-2}, & \text{否则} \end{cases}$$

如果用推广的欧几里得算法计算 F_i 和 F_{i+1} 的最大公因子,会出现什么情况?

9. 两个正整数 x 和 y 的最小公倍数(Least Common Multiple, LCM)是 x 和 y 的整数倍数中最小的正整数 z。给出用欧几里得算法计算最小公倍数的公式。

10. 给出一个形如 $a \cdot_n x = b$ 的方程,有解而且 a 和 n 不是互素的。或者证明这样的方程不存在。

11. 计算 $16 +_{23} 18$ 和 $16 \cdot_{23} 18$。

12. 如果说整数 x 等于 $(1/4) \bmod 9$,是否有意义?x 是多少?有没有整数等于 $(1/3) \bmod 9$?如果有,是多少?

13. 写出加法 $+_7$ 的加法表。为什么表格是对称的?为什么每行都出现了每个数字?

14. 在 Z_5 中是否每个如下形式的方程都有解?在 Z_7、Z_9 和 Z_{11} 中又怎样?

$$a \cdot_n x = b, \quad a, b \in Z_n \text{ 而且 } a \neq 0$$

15. 给出并证明乘法 $\cdot_n$ 的结合律。

4.3 RSA 密码系统

假设我们有一个很容易计算的函数,但是只有爱丽丝能够计算它的反函数。

如果鲍勃想发送一条消息 M 给爱丽丝,他就会完成下面两个步骤。首先,鲍勃获取爱丽丝的公钥 P_A;然后,鲍勃将爱丽丝的公钥作用于消息 M 上,制作出密文 $C = P_A(M)$;最后,鲍勃就把密文 C 发送给了爱丽丝。

爱丽丝可以用她自己的密钥 S_A 去计算 $S_A(C)$,也就是 $S_A(P_A(M))$。按照 4.1 节中的介绍,$S_A(P_A(M))$ 与原始消息 M 应该是一致的。

这个方案的巧妙之处在于,即使敌对者获取了密文 C 也知道公钥 P_A,但他没有密钥 S_A 就无法破解消息,因为只有爱丽丝自己拥有密钥 S_A。甚至即使敌对者知道密钥 S_A 是公钥 P_A 的反函数,也无法轻易地计算得到这个反函数。

在 RSA 密码系统中,消息用数字来表示。举例来说,每个符号可以用一个数字表示。如果一个空格用 1 表示,A 表示为 2,B 表示为 3,以此类推,那么消息 SEND MONEY 就可以表示为 20,6,15,5,1,14,16,15,6,26。如果愿意的话,这些整数可以组合成一个整数

$$200615060114161506 26$$

(注意所有 1 位数的左边添加了 0,比如 6 写成了 06,5 写成了 05)。

下面介绍 RSA 系统是如何工作的,首先提出一个具体的实例,然后讨论它为什么是可行的。每位潜在的接收者选择两个素数 p 和 q,然后计算得到 $z = pq$。因为 RSA 系统的安全性主要依赖于任何知道了 z 的值的人都不能通过计算发现 p 和 q 是什么,所以 p 和 q 一般都选取为 100 位甚至 100 以上位数的数字。接下来,这位潜在的接收者计算出 $\phi = (p-1)(q-1)$,

并选择一个整数 n 满足 $\gcd(n,\phi)=1$。实践中，n 经常选取为素数。z 和 n 这两个数字就组成了公钥。最后，这位潜在的接收者计算出唯一的数字 s，$0<s<\phi$，满足 $ns \bmod \phi=1$。注意前面已经介绍过高效计算出 s 的方法。s 就是密钥，可以用于密文解码。

如果打算发送满足 $0 \leqslant a \leqslant z-1$ 的整数 a 给公钥 z 和 n 的持有者，发送者计算出 $c=a^n \bmod z$ 然后发出 c。注意前面已经介绍过高效计算 $a^n \bmod z$ 的方法。密文解码时，接收者计算 $c^s \bmod z$，可以证明它就等于 a。

例 4.3.1 如果选取 $p=23$，$q=31$，还有 $n=29$。那么 $z=pq=713$ 而 $\phi=(p-1)(q-1)=660$。现在 $s=569$，因为 $ns \bmod \phi=29 \cdot 569 \bmod 660=16\,501 \bmod 660=1$。$z,n=713,29$ 这两个数字就可用作公钥。$s=569$ 用作密钥。

为了把 $a=572$ 传送给公钥 713,29 的持有者，发送者计算出 $c=a^n \bmod z=572^{29} \bmod 713=113$ 并发送 113。接收者计算 $c^s \bmod z=113^{569} \bmod 713=572$，这样就把消息解码了。

加密和解密的工作依赖于下面这个主要的结果：对于满足 $0 \leqslant a<z$ 和 $u \bmod \phi=1$ 条件的 a 和 u，有 $a^u \bmod z=a$。这个结果的证明，可以参照算法导论课程的相关内容。依据这个结果和前面小节中介绍的定理，可以证明解码能够得到正确的结果。因为 $ns \bmod \phi=1$，所以 $c^s \bmod z=(a^n \bmod z)^s \bmod z=(a^n)^s \bmod z=a^{ns} \bmod z=a$。

习　题

1. 计算 Z_7 中 4 的正整数次幂，计算 Z_{10} 中 4 的正整数次幂，然后比较两者的异同点。

2. 计算 Z_5 中每个元素的模 5 四次幂，会有什么发现？什么原理可以解释这样的发现？

3. 数字 29 与 43 是互素的。$(29-1)(43-1)$ 是多少？在 $Z_{1\,176}$ 中 $199 \cdot 1111$ 是多少？在 Z_{29} 中 $(105^{1111})^{199}$ 是多少？在 Z_{43} 中呢？在 Z_{1247} 中呢？

4. 进行下面的计算，并证明或解释计算的正确性。不能使用计算器或者计算机。

(1) 在 Z_{97} 中 15^{96}；

(2) 在 Z_{73} 中 67^{72}；

(3) 在 Z_{73} 中 67^{73}。

5. 求证当 p 是素数时，在 Z_{p^2} 中有 p^2-p 个元素有乘法逆元。如果在 Z_{p^2} 中 x 有乘法逆元，那么 $x^{p^2-p} \bmod p^2$ 是什么？如果 x 没有逆元，关于 x^{p^2-p} 会发现什么？

6. 求证如果对于所有不是 n 的倍数的整数 x 都有 $x^{n-1} \bmod n=1$，那么 n 是素数。

第5章

计　数

计数是每个学生初学算术时都会碰到的问题,但计数并不局限于算术,计数在很多其他的分支与学科中有着广泛的应用,特别是编码理论、概率统计、算法分析等领域。本章对组合计数问题进行初步讨论,主要介绍组合数学中最常用的一些计数原理、方法和计数公式。本章将介绍加法原理、乘法原理、减法原理和基于等价关系的除法原理,介绍排列组合以及其在多重集上的推广——可重复的排列与组合。

当进入计数这个领域时,我们经常遇到一些看起来(描述起来)很简单却不容易求解的问题。因此我们要理解和学会基本计数原理与公式,但不依赖这些公式,因为如果不对问题进行深入分析,仅仅记住公式或者计数原理是无法很好地解决问题的。另外,组合计数问题往往有多种求解方法,试着用不同的方法来求解,将会得到对问题更深刻的理解。

5.1　加法原理与乘法原理

首先我们介绍两个基本计数原理——加法原理和乘法原理。这两个原理十分简单,其应用的基本原则也很简单,但如何将问题与之对应却颇有技巧。当我们处理或者分析更复杂的问题时,一个常用的策略是将问题进行分解,使得分解后的每一部分能很容易求解或者易于利用基本原理进行求解。因此,我们希望发展这种将问题分解和把部分解组合成问题的解的能力。为此,需要针对各种形式的组合问题进行尝试,分析其是如何使用两个基本原理进行求解的,总结经验,熟能生巧。

下面我们给出加法原理的一般性描述。

加法原理　　如果完成一件事情有两个方案,第一个方案有 m 种方法,第二个方案有 n 种方法。只要选择这两个方案中的任意一种方法,就可以完成这件事情,并且这些方法两两互不相同。则完成这件事情共有 $m+n$ 种方法。

我们用集合论的语言描述上述原理,并把它推广到一般情形。为此,我们先给出集合划分的概念。

定义 5.1.1　集合划分(有限划分):给定集合 A,A 的一组子集族 $\{A_1,A_2,\cdots,A_m\}$ 若满足对任意的 $i \neq j$,$A_i \bigcap A_j = \varnothing$,且 $\bigcup_{i=1}^{m} A_i = A$,则称该组子集族为 A 的一个**划分**(诸 A_i 均为 A 的子集)。

加法原理的集合论描述:设 $A_1,A_2,\cdots,A_m$ 为 A 的一个划分,则

$$|A| = |A_1| + |A_2| + \cdots + |A_m|$$

例 5.1.2 物联网 1 班有男生 20 人，女生 10 人，现从中选出一名数学课代表，问共有多少种选法？

解 用集合 A 表示全体男生，集合 B 表示全体女生，则课代表要么是男生，属于 A，要么是女生，属于 B。根据加法原理，全班共有 $20+10=30$ 个学生，故有 30 种选法。

例 5.1.3 用一个小写英文字母或一个阿拉伯数字给一批机器编号，问总共可能编出多少种号码？

解 英文字母共有 26 个，数字 0～9 共 10 个，由加法原理，总共可以编出 $26+10=36$ 个号码。

例 5.1.4 任意给定 n 个数 $a_1, a_2, \cdots, a_n$，将其按从小到大排列，称为排序（sorting）问题，这是计算机算法中的一个基本问题，排序算法有很多种。如下伪代码描述的是上述问题的一种选择排序算法，试计算伪代码中第 3 行的比较运算的次数？

(1) for i =1 to n — 1
(2)   for j =i + 1 to n
(3)   if(A[i]> A[j])
(4)   exchange A[i] and A[j]

解 令 S 为算法执行的全体比较所组成的集合，S_k 表示当 $i=k$ 时(2)～(4)执行的比较所组成的集合，则有 $S=S_1 \cup S_2 \cup \cdots \cup S_{n-1}$，显然 S_i, S_j 两两相交为空集，且 $|S_k|=n-k$。于是 $|S| = |S_1| + |S_2| + \cdots + |S_{n-1}| = (n-1)+(n-2)+\cdots+2+1 = n(n-1)/2$。

例 5.1.5 考虑如下的两个矩阵相乘的算法，试求算法中所做乘法的总次数。不妨设 $A=(a_{ij})_{r \times n}, B=(b_{ij})_{n \times m}, C=AB$

(1) for i =1 to r
(2)   for j =1 to m
(3)   S =0
(4)   for k =1 to n
(5)   S =S + A[i,k] * B[k,j]
(6)   C[i,j]=S

解 对任意固定的 i，将算法第(2)行至第(5)行所执行的乘法全体所成集合划分成如下的子集：

S_1 是当 $j=1$ 时所执行的乘法全体所组成的集合，

S_2 是当 $j=2$ 时所执行的乘法全体所组成的集合，

……

S_t 是当 $j=t$ 时所执行的乘法全体所组成的集合，

……

每一 S_j 由固定 j 时的内循环中执行的乘法所组成，显然，对每一固定的 j，S_j 恰好包含 n 个乘法。

令 T_i 为给定 i 时算法执行的乘法全体，则 $T_i = \bigcup_{j=1}^{m} S_j$。

于是,由加法法则,有 $|T_i| = \sum_{j=1}^{m} |S_j| = mn$。

注:上述式子中的相乘是因为重复相加,由此,得如下形式的乘法原理。

乘法原理(版本 1) 基数都为 n 的 m 个不相交的集合组成的并集的基数为 nm。

继续上述例子 5.1.4,若令 T 为全体的乘法组成的集合,则 $T = \bigcup_{i=1}^{r} T_i$。

于是,利用乘法原理(版本 1),$|T| = rnm$。

即算法执行的总的乘法次数为 rnm 次。

上述乘法原理一般描述成如下形式。

乘法原理(版本 2) 设完成某件事情需要两个独立的步骤,其中完成第一个步骤有 m 种不同的方法,当完成第一个步骤的方法选定后,第二个步骤有 n 种方法,则完成这件事情共有 mn 种不同的方法。

集合论语言描述:给定集合 A,B,$|A| = m$,$|B| = n$,

令 $A \times B = \{(a,b) \mid a \in A, b \in B\}$,则 $|A \times B| = m \cdot n$。

例 5.1.6 某种样式的运动服的着色由底色和装饰条纹的颜色配成。底色可选红、蓝、橙、黄,条纹色可选黑、白,则由乘法原理,共有 $4 \times 2 = 8$ 种着色方案。

若此例改成底色和条纹都用红、蓝、橙、黄 4 种颜色,则方案数是多少?

是 $4 \times 4 = 16$ 吗?

显然答案是否定的,因为底色和条纹颜色不能一样,于是由乘法原理(版本 2),有 $4 \times 3 = 12$ 种方法。

注意:在应用乘法原理中要注意事件 A 和 事件 B 的相互**独立性**。

例 5.1.7 求小于 10 000 的含 1 的正整数的个数。

解 小于 10 000 的不含 1 的正整数可均看作 4 位数处理,但 0000 除外。

故有

$$9 \times 9 \times 9 \times 9 - 1 = 6\,560 \text{ 个}$$

于是含 1 的有

$$9\,999 - 6\,560 = 3\,439 \text{ 个}$$

上述例子求解中实际上应用了减法原理,其描述如下。

减法原理(补则):设 U 是全集,$|U| = n$,A 是 U 的子集,$|A| = m$,令 $A^c = \{x \in U \mid x \notin A\}$,则 $|A^c| = n - m$。

例 5.1.8 求小于 10 000 的含 0 的正整数的个数。

注意:"含 0"和"含 1"不可直接套用。例如,0019 含 1 但不含 0;故不可用上述例子的解法。

解 不含 0 的 1 位数有 9 个,2 位数有 9^2 个,3 位数有 9^3 个,4 位数有 9^4 个。不含 0 小于 10 000 的正整数有

$$9 + 9^2 + 9^3 + 9^4 = 7\,380 \text{(个)}$$

含 0 小于 10 000 的正整数有

$$9\,999 - 7\,380 = 2\,619 \text{ 个}$$

最后,我们给出一个一般性的计数原理。

一一对应原理　设 f 是 A 到 B 的一个一一对应(也称双射)，则 $|A|=|B|$。

例如，若集合 A 中有 n 个元素，即 $|A|=n$，即建立了集合 A 中元素与 $1\sim n$ 正整数的一一对应关系。在组合计数中常常借助一一对应实现模型转换，即：要对集合 A 计数，但直接进行计算较难，于是设法构造一个易于计数的集合 B，且集合 A 与集合 B 中的元素一一对应，则可以通过计算集合 B 中元素的个数，对集合 A 计数。

例 5.1.9　设 M 是有 m 个元素的集合，试求 M 的幂集 $P(M)$(即 M 的全体子集所组成的集合)的基数。

解　令 $N=\{(a_1,a_2,\cdots,a_m)\,|\,a_i\in\{0,1\},i=1,2,\cdots,m\}$，则由乘法原理知 $|N|=2^m$。

不妨设 $M=\{s_1,s_2,\cdots,s_m\}$，$P(M)=\{A\,|\,A\subseteq M\}$，

做 $P(M)$ 到 N 的映射 f 如下：

对任意的 $A\in P(M)$，$f(A)=(x_1,x_2,\cdots,x_m)$，其中

$$x_i=\begin{cases}1,&s_i\in A\\0,&s_i\notin A\end{cases}$$

容易验证 f 是双射(一一对应)，于是由一一对应原理，$|P(M)|=2^m$。

习　题

1. 在 1 到 10 000 之间，有多少个每位数字全不相同而且由偶数构成的整数？

2. 从 $1,2,3$ 中取出 7 个组成一个 7 位数，要求相邻的数字均不相同，问有多少个这样的数？若还要求个位数不是 1，有多少个这样的数？

3. 从 1 到 200 的整数中不重复地选取两个数组成有序对 (x,y)，使得 x 与 y 的乘积不能被 3 整除，问可组成多少种这样的有序对？

4. 从 1 到 200 的整数中选取两个数组成有序对 (x,y)，使得 $|x-y|=7$，问可组成多少种这样的有序对？

5. 从有 10 个人的数学兴趣小组中先选出一名组长再选出一名秘书共有多少种选法？

6. 求 2 018 的不同的正因子个数。

7. 考虑如下某程序的伪代码片段：

(1)　　for i＝1 to 12 do

(2)　　　for j＝3 to 10 do

(3)　　　　for k＝10 to 1 do

(4)　　　　　Print (i－j) * k

计算该程序执行 print 的总次数。

8. 试计算以下某排序算法的伪代码中第(3)行比较运算($A[i]<A[j-1]$)的次数。

(1) for i ＝2 to n

(2)　　j＝i

(3)　　while(j＞1)and　($A[i]<A[j-1]$)

(4)　　　exchange A[j] and A[j－1]

(5)　　　　j＝j－1

5.2 排列与组合

本节讨论排列与组合的计算。先看下面的例子。

例 5.2.1 从 $1,2,\cdots,9$ 中选取 4 个不同的数组成 4 位数,问可以组成多少个不同的 4 位数?

解 先选千位数,有 9 种可能;再选百位数,有 8 种可能;再选十位数,有 7 种可能;最后选个位数,有 6 种可能。故由乘法原理,一共有 $9\times 8\times 7\times 6=3\,024$ 个不同的 4 位数。

显然,对于某 4 个数,比如 $1,2,3,4$,选取的次序不同则对应的四位数不同:
$$1234,1324,1432,2134,\cdots,4321。$$

定义 5.2.2 从 n 个元素的集合 S 中有序地选取的 r 个(不重复的)元素,构成一个有序 r 元组,称为 S 的一个 r-**无重排列**。不同的排列的全体组成的集合用 $P(S,r)$ 表示。排列的总数用 $P(n,r)$ 表示。当 $r=n$ 时称为**全排列**。

从 n 个元素中取 r 个元素的排列等价于如下**放球模型:从 n 个不同的球中取出 r 个球,放入 r 个不同的盒子里,每盒 1 个球,求放球的方案总数**。

注意到放入第 1 个盒子里的球有 n 种选择,第一个盒子放好后,第 2 个盒子里的球有 $n-1$ 种选择,$\cdots\cdots$,一般地,当前 $r-1$ 个盒子的球放好后,第 r 个盒子的球有 $n-r+1$ 种选择,$\cdots\cdots$,依次下去,根据乘法原理,共有
$$P(n,r)=n(n-1)\cdots(n-r+1)$$
种方法。于是有如下定理。

定理 5.2.3 对任意的正整数 r,n,满足 $r\leqslant n$,则从有 n 个元素的集合 S 中选出 r 个做排列的排列数为
$$P(n,r)=n(n-1)\cdots(n-r+1)=n!/(n-r)!$$

例 5.2.4 数学兴趣小组有 7 名男生,3 名女生。他们在进行完一场竞赛后排成一行合影,若要求 3 名女生排在一起,问有多少种不同的排列方案?

解 先将 3 位女生排在一起,看成一个人,参与排列,有 $8!$ 种排列方案。然后女生之间再进行排列,有 $3!$ 种排列方案,故按乘法原理,共有 $8!\times 3!$ 种排列方案。

接上例,若要求女生不相邻,又有多少种方式?

此时,我们可以先把男生排好,然后再把女生排在两男生中间或者队伍的两头。注意到男生排成一行有 $7!$ 种方式,形成 8 个间隙可以用来安排女生,即从 8 个位置中取三个安排女生,有 $P(8,3)$ 种方式,故按乘法原理,共有 $7!\times P(8,3)$ 种方式。

例 5.2.5 对 26 个英文字母进行全排列,使得 a 和 b 之间恰好有 5 个字母,问有多少种排法?

解 先从剩余的 24 个字母中间选 5 个排成一行,有 $P(24,5)$ 种排法,然后将其排在 a 与 b 或 b 与 a 之间,这样形成的排列共有 $2\times P(24,5)$ 种排法。现在把排好的这样一个排列看成一个整体,即视为一个字母,参与剩下的排列,共有 $P(20,20)=20!$ 种排法。于是由乘法原理,共有 $2\times P(24,5)\times 20!$ 种排法。

以上讨论的是排列问题,考虑了元素之间的次序,若仅仅要求把部分元素拿出来而不考

虑其次序,又如何处理呢?下面来讨论这一问题,我们称这一问题为组合。

定义 5.2.6 从 n 个元素的集合 S 中无序选取的 r 个(不重复的)元素,构成一个 r 元子集,称为 S 的一个 r-**无重组合**。不同的 r-无重组合的全体组成的集合用 $C(S,r)$ 或 $\binom{S}{r}$ 表示,其个数用 $C(n,r)$ 或 $\binom{n}{r}$ 表示。我们规定:若 $n<r$,则 $C(n,r)=0$。

S 的 r-无重组合等价于如下的**放球模型**:从 n 个不同的球中取出 r 个,放入 r 个相同的盒子里,每盒 1 个,则放球的方案数等于 S 的 r-无重组合个数。

下面我们考虑如何来求 S 的 r-无重组合个数。我们已经求得 S 的 r 无重排列数,我们将通过把 S 上的 r 元全体排列 $P(S,r)$ 与 S 的 r-无重组合 $C(S,r)$ 进行对应来求 $C(n,r)$,其做法如下。

将 S 上的 r 元全体排列 $P(S,r)$ 进行如下划分:具有相同元素的排列放在一起,形成一个子集,即

$$P(S,r)=A_1\bigcup A_2\bigcup\cdots\bigcup A_m$$

其中,A_i 由所有的其元素为 $\{a_{i1},a_{i2},\cdots,a_{ir}\}\subseteq S$ 的排列组成,则 $m=C(n,r)$,且 $A_i\bigcap A_j=\varnothing,\forall i\neq j$。注意到,$\{a_{i1},a_{i2},\cdots,a_{ir}\}$ 即是 S 上的一个 r-无重组合,反之,S 上的一个 r-无重组合 $\{a_{i1},a_{i2},\cdots,a_{ir}\}$ 对它进行全排列即可产生 $r!$ 个 S 的 r-无重排列,即 S 的一个 r-无重组合对应于 $r!$ 个 S 的 r-无重排列,S 的不同的 r-无重组合对应于 $r!$ 个 S 的 r-无重排列也不相同。反之亦然,于是有

$$C(n,r)\cdot r!=P(n,r)$$

即

$$C(n,r)=\frac{P(n,r)}{r!}=\frac{n!}{r!\ (n-r)!}=\binom{n}{r}$$

上面的求解方法即除法原理(法则),它的描述如下。

除法原理(商则):设 A 是一个有限集合,$|A|=n$,将 A 划分成 k 个不交子集,且每个子集的基数(即元素个数)都等于 m,则 $m=n/k$ 或 $k=n/m$。

我们也可以利用等价关系将其进行描述。

除法原理(等价关系描述):设 A 上有一个等价关系 R,其等价类 $[x](x\in A)$ 的基数均相等,则等价类的个数等于 $|A|/|[x]|$。

例 5.2.7 有 5 本不同的中文书,7 本不同的英文书,10 本不同的日文书。

(1)取 2 本不同文字的书;

(2)取 2 本相同文字的书;

(3)任取两本书。

解 (1)三种文字取两种文字的书,有中英、中日、英日三种,对每一种方案计算如下。

取一本中文书、一本英文书有 $5\times7=35$ 种取法。取一本中文书、一本日文书有 $5\times10=50$ 种取法。取一本英文书、一本日文书有 $7\times10=70$ 种取法。由加法原理,一共有 $35+50+70=155$ 种。

(2)取两本相同文字的书,可以是中、英、日中的一种,其取法分别为 $C(5,2),C(7,2),C(10,2)$,由加法原理,共有

$$C(5,2)+C(7,2)+C(10,2)=10+21+45=76 \text{ 种}$$

(3) 任取两本书,不外乎取的都是同文字的和两本是不同文字的,即分别为(1)与(2)小题中讨论的情形,故由加法原理,有 $155+76=231$ 种。

另外,此小题也可以直接计算:从所有的书中取两本,即从 $5+7+10=22$ 本中取两本,有 $C(22,2)$ 种取法。

例 5.2.8 从 $\{1,2,\cdots,300\}$ 中取 3 个不同的数,使这 3 个数的和能被 3 整除,有多少种方案?

解 设取出的 3 个数为 x,y,z,使得 $3|x+y+z$,记 $x=3k+r,y=3l+m,z=3s+n$,其中 r,m,n 为余数,即 $0\leqslant r,m,n\leqslant 2$,于是有 $3|x+y+z$ 当且仅当 $3|r+m+n$。因此将 $\{1,2,\cdots,300\}$ 按被 3 除后的余数分成 3 类:$A=\{i\,|\,i\equiv 1(\bmod\ 3)\}=\{1,4,7,\cdots,298\}$,$B=\{i\,|\,i\equiv 2(\bmod\ 3)\}=\{2,5,8,\cdots,299\}$,$C=\{i\,|\,i\equiv 3(\bmod\ 3)\}=\{3,6,9,\cdots,300\}$。

要满足 $3|x+y+z$,则 x,y,z 必满足以下四种情形之一:1)3 个数同属于 A;2)3 个数同属于 B;3)3 个数同属于 C;4)A,B,C 各取一数。

于是,总的方案数为

$$3C(100,3)+100\times 100\times 100=485\ 100+1\ 000\ 000=1\ 485\ 100 \text{ 种}$$

例 5.2.9 一个凸 n 边形,它的任何 3 条对角线都不交于同一点,问它的所有对角线在凸 n 边形内部有多少个交点?这些交点把对角线分成多少段?

解 注意到,每个交点只有两个对角线通过,对应了 4 个顶点所组成的一个组合,不同的交点对应的组合也不相同,故共有 $C(n,4)$ 个交点。注意到每一对角线上增加一个交点会将原来的线段一分为二,从而增加一个线段,于是新增的线段数就等于这条对角线上的交点数。又因为一个交点是两条对角线的交点,故它分别对这两条对角线增加一个线段,即增加 2 条线段,从而所有对角线交点增加的线段数是 $2C(n,4)$,再加上原有的对角线数 $n(n-3)/2$,即为交点把对角线分成的线段的段数。于是总的段数为 $2C(n,4)+n(n-3)/2$ 条。

习　　题

1. 一个教室有两排,每排 9 个座位,现有 14 名学生,问按下列不同的方式入座,各有多少种坐法?(1)规定某 5 人总坐在前排,某 4 人总坐在后排,但每人具体座位不指定;(2)要求前排至少坐 5 人,后排至少坐 4 人。

2. 10 名嘉宾和 4 名领导站成一排照相,要求领导不在一起,问有多少种排法?若要求领导排在一起,问有多少种排法?

3. n 对夫妇,要求排成男女相间的一队,试问有多少种不同的方案?若围着一圆桌坐下,又有多少种不同的方案?若围着一圆桌而坐且要求每对夫妇坐在一起,又有多少种方案?

4. 有 16 名选手,其中 6 名只能打后卫,8 名只能打前锋,2 名能打前锋或后卫,欲选出 11 人组成一支球队,而且需要 7 人打前锋,4 人打后卫,试问有多少种选法?

5. 求 $\{1,2,\cdots,10\}$ 中满足如下条件的非空子集 S 的个数:S 中的任何一个元素 x 都满足 $x\geqslant |S|/2$。

6．从 1 到 100 的整数中选取 10 个数,使得任何两个数之间的间隔不小于 5,问有多少种选法?

7．6 个引擎分列两排,要求引擎的点火次序两排交错开来,试求从某一特定引擎开始点火有多少种方案? 如果只指定从某一排先开始点火,不指定某一个,其点火方案数是多少? 如果第一个引擎任意选,只要求点火过程是交错的,则其点火方案数又是多少?

8．某凸 10 边形的任意三条对角线不共点,试求:(1)此凸 10 边形的对角线交于多少个点? (2)把所有对角线分割成多少段?

9．证明:对所有的非负整数 n 和 r,若 $n>r+1$,则
$$(n+1-r)P(n+1,r)=(n+1)P(n,r)$$

10．能否给出一个程序或算法判别一个三位数 abc 是否满足 $abc=a!+b!+c!$。

11．证明任何 m 个连续正整数相乘都可以被 $m!$ 整除。

12．设从 $[n+1]=\{1,2,\cdots,n,n+1\}$ 中选取 3 个数 x,y,z 组成有序三元数组 (x,y,z) 使得 $z>x,z>y$,求这样的三元数组的个数。

13．从 $[1001]=\{1,2,\cdots,1001\}$ 中选取 3 个数 x,y,z,使得 $4|x+y+z$,问有多少种选法?

14．证明从 $[n+1]=\{1,2,\cdots,n,n+1\}$ 中选取最大元素是 j 的子集的个数是 2^{j-1}。并由此证明
$$1+2^1+2^2+2^3+\cdots+2^m=2^{m+1}-1$$

15．求小于 10^{10} 且各位数字从左到右具有严格单调减的顺序的正整数的个数。

5.3　可重复的排列与组合

先看下面的例子。

单词 BALL 的全体字母进行排列,有多少种方式? 是 4! 吗?

答案是否定的,因为这里 L 重复出现了两次。我们先把所有可能的排列都列出来,如下表。

ABLL	ALBL	ALLB	BALL	BLAL	BLLA
LABL	LALB	LLAB	LLBA	LBAL	LBLA

一共 12 种。

这种元素出现重复的排列和组合在实际问题中经常出现,为此,我们对其进行研究,希望给出相应的计数公式。首先我们给出多重集的概念。

定义 5.3.1　一个多重集 S 是指 S 中的元素可以多次出现的集合,即元素可以重复的集合。元素 a 在 S 中出现的次数 $m(a)$ 称为该元素的**重复数**(**重度**)。若多重集 S 由 k 种不同的元素组成,则多重集 S 可记为 $S=\{n_1\cdot a_1,n_2\cdot a_2,\cdots,n_k\cdot a_k\}$,其中 n_i 是 a_i 的重复数。

定义 5.3.2　从一个多重集 $S=\{n_1\cdot a_1,n_2\cdot a_2,\cdots,n_k\cdot a_k\}$ 中有序地选取 r 个元素,构成一个有序 r 元组,称为 S 的一个 r-**可重排列**,简称为 S 的 r-**排列**。当 $r=n_1+n_2+\cdots+n_k$ 时称为 S 的一个**全排列**。

例如，$S = \{3 \cdot a, 2 \cdot b, 3 \cdot c\}$，$aabb, aacb, acbc$ 是 S 的 4-排列。

定理 5.3.3 设 $S = \{\infty \cdot a_1, \infty \cdot a_2, \cdots, \infty \cdot a_k\}$，即有 k 个不同的元素，每个元素有无穷多个，则 S 的 r-可重排列数为 k^r。

证明 在构造 S 的 r-排列时，先选第一个元素，有 k 种方法。选好第一个元素后再选第二个元素，有 k 种方法，$\cdots$。一般地，当选好前面 j 个元素时，选第 $j+1$ 个元素仍有 k 种方法，依次下去。由乘法原理，共有 $k \times k \times \cdots \times k = k^r$ 种方法，即有 k^r 个 r-排列。

推论 5.3.4 设 $S = \{n_1 \cdot a_1, n_2 \cdot a_2, \cdots, n_k \cdot a_k\}$，$n_i \geqslant r, i = 1, 2, \cdots, k$，即有 k 个不同的元素，每个元素个数都大于或等于 r，则 S 的 r-可重排列数为 k^r。

例 5.3.5 求由 a, b, c, d 组成的 n 长字符串的个数。

解 由于字符串中每个元素可以重复，故由定理 5.3.1，共有 4^n 个 n 长字符串。

例 5.3.6 用字母 $\{MISSISSIPPI\}$ 可以组成多少个字符串？

解 注意到，此处每个字母出现的次数是有限的，我们要用这些字母组成一个 11 长的字符串，可以将其视为如下问题：将字母 $\{MISSISSIPPI\}$ 填入如下的 11 个空格里。

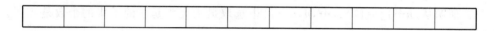

每一个填法对应到一个字符串，反之，给定一个字符串我们按字符串的字母从左到右依次填入空格，即两者的方法数是一样的。于是我们可以按字母来放入空格。先放 M，从 11 个空格中选一个格子放 M，有 $C(11,1)$ 种选法，放好 M 后再放 I，从剩下的 10 个格子中取 4 个格子放 I，有 $C(10,4)$ 种选法，再从剩下的 6 个格子中取出 4 个格子放 S，有 $C(6,4)$ 种选法，最后剩下两个格子放 P，有 $C(2,2)$ 种方法，于是由乘法原理，总的方法数为

$$C(11,1)C(10,4)C(6,4)C(2,2) = \frac{11!}{1! \ 10!} \cdot \frac{10!}{4! \ 6!} \cdot \frac{6!}{4! \ 2!} \cdot \frac{2!}{2! \ 0!} = \frac{11!}{1! \ 4! \ 4! \ 2!}$$

定理 5.3.7 设 $S = \{n_1 \cdot a_1, n_2 \cdot a_2, \cdots, n_k \cdot a_k\}$，则 S 的全排列数为 $\dfrac{(n_1 + n_2 + \cdots + n_k)!}{n_1! \ n_2! \ \cdots n_k!}$。

证明

法一：令 $n = n_1 + n_2 + \cdots + n_k$，将 $S = \{n_1 \cdot a_1, n_2 \cdot a_2, \cdots, n_k \cdot a_k\}$ 中的元素按次序依次填入 n 个空格(位置)，每一种填法对应于一种排列。于是，先填 n_1 个 a_1，从 n 个格子(位置)中选取 n_1 个位置放 a_1，有 $C(n, n_1)$ 种方法；放好 a_1 后再放 a_2，有 $C(n - n_1, n_2)$ 种，依此类推……根据乘法原理，总的方法数为

$$C(n, n_1)C(n - n_1, n_2) \cdots C(n - n_1 - \cdots - n_{k-1}, n_k) = \frac{(n_1 + n_2 + \cdots + n_k)!}{n_1! \ n_2! \ \cdots n_k!}$$

法二：若对 n_i 个元素 a_i 进行新的标号 $a_{ij}, j = 1, 2, \cdots, n_i$，则变成 n_i 个不同的元素。对每一元素这样标号后就形成 $n_1 + n_2 + \cdots + n_k$ 个不同元素的全排列，其排列数为 $(n_1 + n_2 + \cdots + n_k)!$。注意到，$n_i$ 个新元素 a_{ij} 产生的排列有 $n_i!$ 种，于是标号对排列产生的重复数为 $n_1! \ n_2! \ \cdots n_k!$。

从而真正的排列数为 $\dfrac{(n_1+n_2+\cdots+n_k)!}{n_1!\ n_2!\ \cdots n_k!}$。

例 5.3.8 (**非降路径问题**)假设一只蚂蚁要从$(0,0)$点出发,沿图 5.3.1 中的横线或者竖线以最短的路线爬到(m,n)点,有多少种爬法?

解 无论蚂蚁采取怎样的走法,必有在 x 方向上总共走 m 步,在 y 方向上总共走 n 步。若用一个字母 x 表示 x 方向上的一步,一个字母 y 表示 y 方向上的一步。则从$(0,0)$到(m,n)的每一条这样的路径可表示为 m 个 x 与 n 个 y 的一个叫重排列。

于是由定理 5.3.7,蚂蚁的爬法有 $\dfrac{(m+n)!}{m!\ n!}=\dbinom{m+n}{m}$ 种。

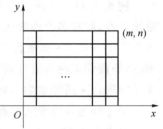

我们称上述题中的路径为**非降路径**,它是一类常用的计算模型。

图 5.3.1　例 5.3.8 路线

例 5.3.9 接上例,我们添加如下限制:从$(0,0)$出发到达(n,n)点,只能向上或向右移动且不能穿过对角线(但允许接触对角线),此时有多少条路径?

解 我们把从$(0,0)$出发到达(n,n)点的全体路径分成两类:一类是满足上述要求的路径,称为好的路径,记为 G_n;另一类是不满足上述要求的,即穿过对角线的路径,称为坏的路径,记为 B_n。由例 5.3.8 知 $G_n+B_n=C(2n,n)$,$G_n=C(2n,n)-B_n$。故由减法原理,只要求出 B_n 即可。下面讨论如何求解 B_n。我们的做法是把 B_n 中的路径与从$(0,0)$到$(n-1,n+1)$的非降路径一一对应起来,从而 $B_n=C(2n,n-1)$,$G_n=C(2n,n)-B_n=C(2n,n-1)=C(2n,n)/(n+1)$。

给定一条坏的非降路径,找到第一个在对角线上方的点,从该点开始,原来的非降路径中向右的移动改为向上,向上的改为向右,如图 5.3.2(a)所示非降路径(粗线)按此方式转化为图 5.3.2(b)所示非降路径(粗线)。显然这种转化是单射,每一坏的非降路径均对应于一条从$(0,0)$到$(n-1,n+1)$的非降路径。

反之,任意给定一条从$(0,0)$到$(n-1,n+1)$的非降路径,此路径的终点必在对角线上方,于是路径上必有一点在对角线上方,于是从这点开始,其后面的路径做由该点出发的斜对角线(见图 5.3.2 虚线)的对称路径,则此对称路径与前半段的路径拼成一条坏的路径,即是满射,从而两者是一一对应。即知 $B_n=C(2n,n-1)$。

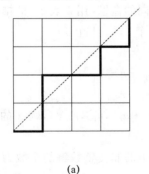
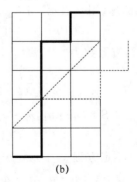

(a)　　　　　　　(b)

图 5.3.2　例 5.3.9 非降路径

上述求得的 G_n 也称为 Catalan 数,一般记为 C_n。

例 5.3.10 用两面红旗、三面黄旗依次悬挂在一根旗杆上,问可以组成多少种不同的标志?

解 所求的标志数是多重集{2 红旗,3 黄旗}的排列数,故 $N=5!/(2!\times3!)=10$。

例 5.3.11 系图书室离散数学书、大学物理书、高等数学书每种至少有 6 本,现要从中挑出 6 本,问有多少种取法?

若记 $S=\{6\cdot$离散数学、$6\cdot$大学物理、$6\cdot$高等数学$\}$,设取出的离散数学书、大学物理书、高等数学书的本数分别为 x,y,z,则 $x+y+z=6$。记该取法为 $A=\{x\cdot$离散数学、$y\cdot$大学物理、$z\cdot$高等数学$\}$,则称 A 为 S 的**子多重集(可重组合)**。

于是问题等价于从多重集 S 中取一个 6 个元素的子多重集(6-可重组合)的方案数。

定义 5.3.12 从一个多重集 $S=\{n_1\cdot a_1,n_2\cdot a_2,\cdots,n_k\cdot a_k\}$ 中无序地选取 r 个元素,构成一个 r 元子多重集,称为 S 的一个 r-**可重组合**。

例 5.3.11 的解 设取出的离散数学书、大学物理书、高等数学书本数分别为 x,y,z,则我们可以用如下 01 序列来表示这种选取方案。

$$0\cdots0\ 10\cdots010\cdots0$$

第一个 1 之前的 0 表示离散数学,共有 x 个,两个 1 之间的 0 表示大学物理,共有 y 个,最后一个 1 的后面表示高等数学,有 z 个,即总共有 6 个 0,2 个 1。

于是每一个由 6 个 0,2 个 1 组成的 01 序列表示一个挑选书本的方案,反之亦然。因此方案数为

$$(6+2)!/(6!\ 2!)=C(8,6)$$

一般地,我们有如下定理。

定理 5.3.13 设 $S=\{\infty\cdot a_1,\infty\cdot a_2,\cdots,\infty\cdot a_k\}$,则 S 的 r-可重组合数为 $C(k+r-1,r)$。

证明 设 S 的一个 r 组合为 $\{x_1\cdot a_1,x_2\cdot a_2,\cdots,x_k\cdot a_k\}$,则 $x_1+x_2+\cdots+x_k=r,x_1,x_2,\cdots,x_k$ 均为非负整数

反之,给定不定方程 $x_1+x_2+\cdots+x_k=r$ 的一组非负整数解 $\{x_1,x_2,\cdots,x_k\}$,则得到一个 r 可重组合 $\{x_1\cdot a_1,x_2\cdot a_2,\cdots,x_k\cdot a_k\}$。即不定方程 $x_1+x_2+\cdots+x_k=r$ 的非负整数解个数等于 S 的 r-可重组合数。而不定方程 $x_1+x_2+\cdots+x_k=r$ 的非负整数解又等价于将 r 个相同的球放入 k 个不同的盒子中,每个盒子内放入的球数不加限制。而该放球问题又可转换为 r 个相同的球(用 0 表示)与 $k-1$ 个相同的盒壁(用 1 表示)的排列的问题。

$$0010\cdots101\quad(\text{其中 }r\text{ 个 }0,k-1\text{ 个 }1)$$

于是,由定理 5.3.7,方案数为

$$\frac{(r+k-1)!}{r!\ (k-1)!}=\binom{r+k-1}{r}$$

推论 5.3.14 设 $S=\{n_1\cdot a_1,n_2\cdot a_2,\cdots,n_k\cdot a_k\},n_i\geq r,\forall i$,则 S 的 r-可重组合数为
$$C(k+r-1,r)。$$

推论 5.3.15 不定方程 $x_1+x_2+\cdots+x_k=r$ 的非负整数解的个数为 $C(k+r-1,r)$。

推论 5.3.16 设 $S=\{n_1\cdot a_1,n_2\cdot a_2,\cdots,n_k\cdot a_k\},n_i\geq r\geq k,\forall i$,则 S 的每种元素都至少取一个的 r 可重组合数为 $C(r-1,k-1)$。

例 5.3.17 设有不同的 5 个字母通过通信线路进行传送,要求每两个相邻字母之间至少插入 3 个空格,但插入的空格的总数必须等于 15,问共有多少种不同的传送方式?

解 将问题分为三步求解:

(1) 先排列 5 个字母,全排列数为 $P(5,5)=5!$;

(2) 两个字母间各插入 3 个空格,将 12 个空格均匀地放入 4 个间隔内,有 1 种方案;

(3) 将余下的 3 个空格插入 4 个间隔:即将 3 个相同的球放入 4 个不同的盒子,盒子的容量不限,其方案数即为从 4 个相异元素中可重复地取 3 个元素的组合数 $C(4+3-1,3)$。

总的方案数 $L=5! \cdot 1 \cdot 20 = 2\,400$ 种。

习 题

1. 有 4 个红球、3 个黄球、5 个白球,将它们排成一行有多少种方法?

2. 给出多重集合 $S=\{3 * 红球, 2 * 白球, 1 * 黄球\}$ 的所有 3 排列和 3 组合。

3. 从 1 到 10 这 10 个正整数中每次取出一个并登记,然后放回,连续取 5 次,得到一个由 5 个数字组成的数列。按这种方式能够得到多少个严格递减数列?能够得到多少个不减数列?

4. 在由 6 个 0 和 5 个 1 组成的字符串中出现 01 或 10 的总次数为 5 的字符串有多少个?

5. 将 22 本不同的书分给 5 名学生,使得其中的两名学生各得 5 本,而另外的三名学生各得 4 本,问有多少种分法?

6. 把 20 只相同的球放入 10 个不同的盒中,每盒不空,有多少种不同的放法?

7. 袋中有 3 个红球、3 个白球、4 个黄球,从袋中任取 3 个球,有多少种不同的取法?取 5 个呢?

8. (a)在 $2n$ 个球中,有 n 个相同。求从这 $2n$ 个球中选取 n 个的方案数。(b)在 $3n+1$ 个球中,有 n 个相同。求从这 $3n+1$ 个球中选取 n 个的方案数。

9. 求由数字 1,1,2,2,3,3,4 组成的 4 位数的个数。

10. 设多重集 $S=\{3 * a, 4 * b, 5 * c\}$,求 S 的所有可能的子集的个数。

11. 将非降路径推广到三维空间。求点 $(0,0,0)$ 到点 (m,n,k) 的非降路径,即每一步只能沿 x 轴、y 轴或 z 轴的正向行走的路径。这里 m,n,k 均是非负整数。

12. 用红、黄、蓝 3 种颜色去涂一个 $1 \times n$ 的棋盘,问有多少种方法?若不允许有红色的格子相邻,又有多少种方法?

13. 由 a,b,c,d,e 做成的 6 次齐次多项式,最多可以有多少个不同类的项?

14. 求下列不定方程的非负整数解的个数。

$$x_1+x_2+\cdots+x_k=r, \quad x_i \geqslant 1$$

5.4 二项式系数与组合恒等式

函数 $C(n,k)$ 是组合数学中无处不在的一个角色。在前面几节我们学习了它的以下两个重要性质：

(1) 组合意义：n 元集合中 k 元子集的个数。

(2) 显式表示 $C(n,k)=n(n-1)\cdots(n-k+1)/k!$。

我们将组合数 $C(n,k)$ 按矩阵的形式列出，如表 5.4.1 所示。

表 5.4.1　将组合数 $C(n,k)$ 按矩阵的形式列出

n ＼ k	0	1	2	3	4	5	6
0	1						
1	1	1					
2	1	2	1				
3	1	3	3	1			
4	1	4	6	4	1		
5	1	5	10	10	5	1	
6	1	6	15	20	15	6	1

考察每一行元素与上一行元素的关系，比如第 4 行第 2 列元素对应于 $C(4,2)$，它等于其上方的元素与左上方的元素之和，即

$$C(4,2)=C(3,2)+C(3,1)$$

表 5.4.1 也可以排成三角形式，称为杨辉三角或 Pascal 三角。

$$
\begin{array}{ccccccccccccc}
 & & & & & & 1 & & & & & & \\
 & & & & & 1 & & 1 & & & & & \\
 & & & & 1 & & 2 & & 1 & & & & \\
 & & & 1 & & 3 & & 3 & & 1 & & & \\
 & & 1 & & 4 & & 6 & & 4 & & 1 & & \\
 & 1 & & 5 & & 10 & & 10 & & 5 & & 1 & \\
1 & & 6 & & 15 & & 20 & & 15 & & 6 & & 1 \\
\end{array}
$$

一般地，我们有如下定理。

定理 5.4.1（Pascal 关系）　$C(n,r)=C(n-1,C(n-1,r))+C(n-1,r-1)$

证明　从 $S=\{1,2,\cdots,n\}$ 中取 r 个元素 $a_1,a_2,\cdots,a_r$ 做不可重组合，其方案数为 $C(n,k)$。不失一般性，设 $1\leqslant a_1<a_2<\cdots<a_r\leqslant n$，对 a_1 取值进行分类，有以下两类情形：

(1) $a_1=1$，有 $C(n-1,r-1)$ 种方案；

(2) $a_1>1$，有 $C(n-1,r)$ 种方案。

于是，由加法原理，总的方案数为 $C(n-1,C(n-1,r))+C(n-1,r-1)$。从而

$$C(n,r)=C(n-1,C(n-1,r))+C(n-1,r-1)$$

利用数学归纳法,由 Pascal 关系,我们可以证明如下恒等式:

$$\binom{n}{n}+\binom{n+1}{n}+\binom{n+2}{n}+\cdots+\binom{n+r}{n}=\binom{n+r+1}{n+1}$$

定理 5.4.2(对称性) $C(n,r)=C(n,n-r)$

证明 从 $S=\{1,2,\cdots,n\}$ 中取出 r 个元素 $a_1,a_2,\cdots,a_r$,则 S 中剩余 $n-r$ 个元素,反之亦然。由此建立 $C(S,r)$ 与 $C(S,n-r)$ 的一个一一对应。故 $C(n,r)=C(n,n-r)$。

从上面的杨辉三角我们可以看出,每一行的二项式系数先是严格递增然后严格递减,我们称之为单峰性。

定理 5.4.3(单峰性) (1) $n=2k$ 时 $C(n,0)<C(n,1)<\cdots<C(n,k)$;$C(n,k)>C(n,k+1)>\cdots>C(n,n)$

(2) $n=2k+1$ 时 $C(n,0)<C(n,1)<\cdots<C(n,k)=C(n,k+1)>C(n,k+2)>\cdots>C(n,n)$

证明 略,考虑比值 $C(n,r)/C(n,r+1)$ 是否大于 1 即可。

例 5.4.4 $(x+y)^3$ 展开式是多少?$(x+1)^3$ 展开式是多少?$(x+2)^3$ 呢?$(x+y)^4$ 呢?

解

$$(x+y)^2=(x+y)(x+y)=x^2+2xy+y^2$$

$$(x+y)^3=(x+y)^2(x+y)=(x+y)(x^2+2xy+y^2)=x^3+3xy^2+3x^2y+y^3$$

在该等式中分别令 $y=1,y=2$,得

$$(x+1)^3=x^3+3x+3x^2+1$$

$$(x+2)^3=x^3+12x+6x^2+8$$

$$(x+y)^4=(x+y)^3(x+y)=x^4+4xy^3+6x^2y^2+4xy^3+y^4$$

一般地,我们有如下定理。

定理 5.4.5(二项式定理) $(x+y)^n=\sum_{k=0}^{n}\binom{n}{k}x^ky^{n-k}$,$C(n,r)$ 称为二项式系数。

证明 先看 $n=2,3$ 的情形,由此发现规律。

$$(a+b)^2=(a+b)(a+b)=aa+ab+ba+bb=a^2+2ab+b^2$$

$$(a+b)^3=(a+b)(a+b)(a+b)=(aa+ab+ba+bb)(a+b)$$

$$=aaa+aab+aba+abb+baa+bab+bba+bbb$$

$$=a^3+3ab^2+3a^2b+b^3$$

产生系数的根源是同一单项式中有顺序,即排列问题。在展开式未合并同类项之前有 8 项,每一项是 3 个元素的乘积,分别来自 3 个因式。比如,aab 表示第一个因式中是 a,第二个因式中是 a,第三个因式中是 b 来做乘积。由于乘法具有交换律,很多乘积项将是相同的,合并同类项后,其前面的系数即该项在展开式中出现的次数。

实际上,只有一项(aaa 或 a^3),表示从这 3 个因子项中取 3 个因子项 a 做乘积,0 个因子项用 b 做乘积,有 $C(3,3)=1$ 种方法,从而系数为 1。类似地,a^2b 表示取 2 个 a,1 个 b,即从 3 个因子项中确定一项取 b,另两项取 a 做乘积,有 $C(3,2)=3$ 种方法,故系数为 3,其余依此类推。

对于 $(x+y)^n$ 的一般项 x^ky^{n-k},它表示 n 个因子项 $(x+y)$ 中取 k 个因子项用 x 做乘积,

$n-k$ 个因子项用 y 做乘积,有 $C(n,k)$ 种取法,故其系数为 $C(n,k)$,从而定理成立。

我们也可以用数学归纳法来证(略)。

下面是几个著名的组合恒等式,证明可作为习题,此处略。

定理 5.4.6 (1) $2^n = \sum\limits_{k=0}^{n} \binom{n}{k}$,

(2) $\sum\limits_{k=0}^{n} (-1)^k \binom{n}{k} = 0$,

(3) $\binom{n}{k} \cdot \binom{k}{r} = \binom{n}{r} \cdot \binom{n-r}{k-r}$,

(4) $\binom{m+n}{r} = \binom{m}{0}\binom{n}{r} + \binom{m}{1}\binom{n}{r-1} + \cdots + \binom{m}{r}\binom{n}{0}$,

(5) $\binom{m+n}{m} = \binom{m}{0}\binom{n}{0} + \binom{m}{1}\binom{n}{1} + \cdots + \binom{m}{m}\binom{n}{m}$,

(6) $\binom{2n}{n} = \binom{n}{0}\binom{n}{0} + \binom{n}{1}\binom{n}{1} + \cdots + \binom{n}{n}\binom{n}{n} = \sum\limits_{k=0}^{n} \binom{n}{k}^2$.

例 5.4.7 $(x+y+z)^3$ 展开式是多少?

注意到,$C(n,k)$ 表示 $(x+y)^n$ 的一般项 $x^k y^{n-k}$ 的系数,若考虑将 n 个**有区别**的球放到两个**有区别**的盒子里,则每一个因子项 $(x+y)$ 对应到一个有区别的球,x,y 表示两个盒子。例如,上面 $(a+b)^3$ 展开式中,红、蓝、黑的因子分别表示红球、篮球、黑球,一般项 aab 表示将黑球和红球放入 a 盒,篮球放入 b 盒,其他项依此类推。于是 $x^k y^{n-k}$ 表示盒子 x 放 k 个球,盒子 y 放 $n-k$ 个球($k=0,1,2,\cdots,n$),显然其方案数是 $C(n,k)$。现在将其推广到 3 个或一般的 m 个盒子的情况。

推广 把 n 个**有区别**的球放到 m 个**有区别**的盒子里,要求 m 个盒子放入的球数分别是 $n_1,n_2,\cdots,n_m$,用 $\binom{n}{n_1 n_2 \cdots n_m}$ 表示其方案数,则有

$$\binom{n}{n_1 n_2 \cdots n_m} = \frac{n!}{n_1! \ n_2! \ \cdots n_m!}$$

计算如下:从 n 个有区别的球中取出 n_1 个放到第 1 个盒子里去,其选取方案数为 $C(n,n_1)$;当第一个盒子的 n_1 个球选定后,第二个盒子里的 n_2 个球则是从余下的 $n-n_1$ 个球中选取的,其方案数应为 $C(n-n_1,n_2)$,第三个盒子的 n_3 个球则是从余下的 $n-n_1-n_2$ 个球中选取,其方案数为 $C(n-n_1-n_2,n_3)$,……,由乘法原理得

$$\binom{n}{n_1 n_2 \cdots n_m} = \binom{n}{n_1}\binom{n-n_1}{n_2}\binom{n-n_1-n_2}{n_3} \cdot \cdots \cdot \binom{n-n_1-n_2-\cdots-n_{m-1}}{n_m}$$

$$= \frac{n!}{n_1! \ (n-n_1)!}\frac{(n-n_1)!}{n_2! \ (n-n_1-n_2)!} \cdot \cdots \cdot \frac{(n-n_1-n_2-\cdots-n_{m-1})!}{n_m! \ (n-n_1-n_2-\cdots-n_m)!}$$

$$= \frac{n!}{n_1! \ n_2! \ \cdots n_m!}$$

称 $\binom{n}{n_1 n_2 \cdots n_m}$ 为多项式系数。

回到例 5.4.7,利用上述记号,我们有:

$$(x+y+z)^3 = x^3+y^3+z^3+3x^2y+3xy^2+3x^2z+3y^2z+3xz^2+3yz^2+6xyz$$

$$= \frac{3!}{3!0!0!}x^3+\frac{3!}{0!3!0!}y^3+\frac{3!}{0!0!3!}z^3+\frac{3!}{2!1!0!}x^2y+\frac{3!}{1!2!0!}xy^2+$$

$$\frac{3!}{2!0!1!}x^2z+\frac{3!}{1!0!2!}xz^2+\frac{3!}{0!2!1!}y^2z+\frac{3!}{0!1!2!}yz^2+\frac{3!}{1!1!1!}xyz$$

$$= \binom{3}{300}x^3+\binom{3}{030}y^3+\binom{3}{003}z^3+\binom{3}{210}x^2y+\binom{3}{120}xy^2+\binom{3}{201}x^2z+$$

$$\binom{3}{102}xz^2+\binom{3}{021}y^2z+\binom{3}{012}yz^2+\binom{3}{111}xyz$$

定理 5.4.8 多项式定理

设 n 与 t 均为正整数,则有

$$(x_1+x_2+\cdots+x_t)^n = \sum_{\substack{\sum_{i=1}^{t}n_i=n\\(n_i\geqslant 0)}} \binom{n}{n_1\,n_2\cdots n_t}x_1^{n_1}x_2^{n_2}\cdots x_t^{n_t}$$

其中,求和是在使 $\sum_{i=1}^{t}n_i=n$ 的所有非负整数数列 $(n_1,n_2,\cdots,n_t)$ 上进行的。

证明略。

例 5.4.9 求 $(a+b+2c+d)^3$ 的展开式。

解 由定理 5.4.6 得

$$(a+b+2c+d)^3 = \binom{3}{3000}a^3+\binom{3}{0300}b^3+\binom{3}{0030}2^3c^3+\binom{3}{0003}d^3+\binom{3}{2100}a^2b$$

$$+\binom{3}{2010}2a^2c+\binom{3}{2001}a^2d+\binom{3}{1200}ab^2+\binom{3}{0210}2b^2c+\binom{3}{0201}b^2d$$

$$+\binom{3}{1020}2^2ac^2+\binom{3}{0120}2^2bc^2+\binom{3}{0021}2^2c^2d+\binom{3}{1002}ad^2+\binom{3}{0102}bd^2$$

$$+\binom{3}{0012}2cd^2+\binom{3}{1110}2abc+\binom{3}{1101}abd+\binom{3}{1011}2acd+\binom{3}{0111}2bcd$$

习　　题

1. 证明:$\sum_{k=1}^{n}kC(n,k)=n2^{n-1}$。

2. 设 n 为正整数,证明:

$$1+\frac{1}{2}\binom{n}{1}+\frac{1}{3}\binom{n}{2}+\frac{1}{4}\binom{n}{3}+\cdots+\frac{1}{n+1}\binom{n}{n}=\frac{2^{n+1}-1}{n+1}$$

3. 证明:$C(m+n,2)-C(m,2)-C(n,2)=mn$。

4. 用二项式定理展开 $(x-2y)^6$。

5. $(3x+2y)^n$ 的展开式中 x^2y^{n-2} 的系数是什么？若 $n=17$，则 x^9y^8 的系数是多少？

6. 求 $(x-y-2z+w)^8$ 展开式中 $x^2y^2z^2w^2$ 项前的系数。

7. 用多项式定理展开 $(x-2y+z)^5$。

8. 利用多项式定理证明：

$$\sum_{\substack{a+b+c=n \\ (a,b,c\geqslant 0)}} \binom{n}{a\ b\ c} = 3^n$$

这里的求和是对所有满足方程 $a+b+c=0$ 的非负整数解来求的。

9. 利用多项式定理证明：

$$\sum_{\substack{a+b+c+d=n \\ (a,b,c,d\geqslant 0)}} (-1)^{a+b} \binom{n}{a\ b\ c\ d} = 0$$

这里的求和是对所有满足方程 $a+b+c+d=0$ 的非负整数解来求的。

第6章

归纳法与递推关系

归纳法是一种重要的证明方法。它与**递推关系**也有着紧密的联系。

考虑这样一个问题。将很多小木块放在一张长条桌子上，按照编号 $1,2,3,\cdots$ 排成很长的一列。有些木块上面标记着"X"字样的符号。假设有下面两个已知的情况：

- 编号为 1 的木块有符号标记；
- 对所有的编号 n，如果编号为 n 的木块有符号标记，那么编号为 $n+1$ 的木块也有。

从这两个已知情况出发，就可以得到，每一个木块上都有符号标记。这就是**数学归纳法原理**。

6.1 归纳法

可以通过下面这个例子进一步解释数学归纳法的原理。用 S_n 表示前 n 个正整数的和，$S_n = 1+2+\cdots+n$。如何证明对于所有的正整数 n，恒有 $S_n = \dfrac{n(n+1)}{2}$？

这个问题就是要求证明下面一系列的等式：

$$S_1 = \frac{1(2)}{2} = 1$$

$$S_2 = \frac{2(3)}{2} = 3$$

$$S_3 = \frac{3(4)}{2} = 6$$

$$\vdots$$

可以把上面第 k 个等式成立，类比于之前例子中编号为 k 的木块有"X"字样的符号标记。因为第一个等式成立，所以编号为 1 的木块有符号标记。现在尝试去证明，对所有的正整数 n，如果第 n 个等式成立，那么第 $n+1$ 个等式也成立。然后再根据前面木块有符号标记的例子，也就是数学归纳法原理，就可以知道 S_n 的通项公式是成立的。

对所有的 n，如果第 n 个等式是成立的，也就是说，$S_n = \dfrac{n(n+1)}{2}$，那么 $S_{n+1} = 1+2+\cdots+n+(n+1) = S_n + (n+1) = \dfrac{n(n+1)}{2} + (n+1) = \dfrac{n(n+1)+2(n+1)}{2} = \dfrac{(n+1)(n+2)}{2}$，第 $n+1$ 个等式也成立。所以，对所有的 n，恒有 $S_n = \dfrac{n(n+1)}{2}$。

数学归纳法原理   命题函数 $S(n)$ 的论域是正整数集。

如果 $S(1)$ 是真的；

对所有的 $n \geqslant 1$，如果 $S(n)$ 是真的，那么 $S(n+1)$ 也是真的。

那么，对于所有的正整数 n，$S(n)$ 都是真的。

原理中的第一个前提条件"$S(1)$ 是真的"被称为**基础步骤**，第二个前提条件被称为**归纳步骤**。下文提到的"归纳法"，就是"数学归纳法"。

下面给出阶乘运算的定义，再用数学归纳法原理证明另外一道例题。

定义 6.1.1   自然数 n 的阶乘运算是

$$n! = \begin{cases} 1, & n=0 \\ n(n-1)(n-2)\cdots 2 \cdot 1, & n \geqslant 1 \end{cases}$$

例 6.1.2   用数学归纳法证明对于任意的正整数 n，恒有 $n! \geqslant 2^{n-1}$。

基础步骤($n=1$)   当 $n=1$ 时，$1!=1 \geqslant 1 = 2^{1-1}$，不等式成立。

归纳步骤   假设不等式对于 $n \geqslant 1$ 时成立，也就是说，$n! \geqslant 2^{n-1}$。那么，接下来需要证明不等式对于 $n+1$ 也成立，就是说 $(n+1)! \geqslant 2^n$。

根据阶乘运算的定义和归纳步骤中的假设(简称**归纳假设**)，$(n+1)! = (n+1)(n!) \geqslant (n+1)2^{n-1} \geqslant 2 \cdot 2^{n-1} = 2^n$。这就证明了 $(n+1)! \geqslant 2^n$，也就是完成了归纳步骤的证明。

因为基础步骤和归纳步骤的证明都已经完成了，根据数学归纳法原理，对于任意的正整数 n，恒有 $n! \geqslant 2^{n-1}$。证毕。

如果 $n_0 \neq 1$，此时想证明如下形式命题函数都是对的，

$$S(n_0), S(n_0 + 1), \cdots,$$

那么就必须把数学归纳法原理中的基础步骤改为

$$S(n_0) \text{ 是真的}。$$

换句话说，基础步骤就是要证明对于论域中最小的值 n_0，命题函数 $S(n)$ 是真的。

归纳步骤就变成了

对所有的 $n \geqslant n_0$，如果 $S(n)$ 是真的，那么 $S(n+1)$ 也是真的。

下面用数学归纳法证明，如果集合 X 有 n 个元素，那么集合 X 的**幂集** $P(X)$ 集有 2^n 个元素。

定理 6.1.3   如果 $|X| = n$，那么对于所有的 $n \geqslant 0$，$|P(X)| = 2^n$。

证明   对 n 用数学归纳法进行证明。

基础步骤($n=0$)   当 $n=0$ 时，X 是空集。空集的唯一子集就是空集自身，因此，

$$|P(X)| = 1 = 2^0 = 2^n$$

也就是说，定理当 $n=0$ 时是成立的。

归纳步骤   假设定理对于有 n 个元素的集合是成立的。令 X 是含有 $n+1$ 个元素的集合。选择某个 $x \in X$。很显然，X 恰好有一半子集含有元素 x，另外一半子集不含 x。原因更显然，原来含有 x 的子集去掉 x 之后就变成了不含 x 的子集，原来不含 x 的子集添加上 x 之后就变成了含有 x 的子集，原来含有 x 的子集与原来不含 x 的子集是一一对应的。

令 Y 是从 X 中去掉 x 之后得到的集合，Y 就是含有 n 个元素了。由归纳假设，

$|P(Y)| = 2^n$。Y 的子集恰好就是 X 的那些不含 x 的子集。因此,根据前面一段的讨论,就可以得到

$$|P(Y)| = \frac{|P(x)|}{2}$$

所以,

$$|P(x)| = 2|P(Y)| = 2 \cdot 2^n = 2^{n+1}$$

这样就证明了定理对于有 $n+1$ 个元素的集合也是成立的。归纳步骤的证明完成。根据数学归纳法原理,定理对于所有的 $n \geqslant 0$ 都是成立的。证毕。

在前面的数学归纳法原理中,归纳步骤里假设 $S(n)$ 是真的,再证明 $S(n+1)$ 也是真的。在归纳步骤的有些情况下,假设之前的 $S(n)$,$S(n-1)$,$S(n-2)$,$\cdots$ 都是真的,有助于归纳步骤的证明。这就是**强化的数学归纳法**,可以简称为**强归纳法**。

强数学归纳法原理 命题函数 $S(n)$ 的论域是大于或等于 n_0 的所有整数组成的集合。

如果 $S(n_0)$ 是真的;

对所有的 $n > n_0$,如果对满足 $n_0 \leqslant k < n$ 的所有的 k,$S(k)$ 是真的,那么 $S(n)$ 也是真的。

那么,对于所有的 $n > n_0$,$S(n)$ 都是真的。

可以证明,数学归纳法原理与强数学归纳法原理是等价的。证明请读者自己完成。

例 6.1.4 数列 $c_1, c_2, \cdots$ 的定义是 $c_1 = 0$,$c_n = c_{\lfloor n/2 \rfloor} + n$,$n > 1$。具体举例来说,

$$c_2 = c_{\lfloor 2/2 \rfloor} + 2 = c_{\lfloor 1 \rfloor} + 2 = c_1 + 2 = 0 + 2 = 2,$$
$$c_3 = c_{\lfloor 3/2 \rfloor} + 3 = c_{\lfloor 1.5 \rfloor} + 3 = c_1 + 3 = 0 + 3 = 3,$$
$$c_4 = c_{\lfloor 4/2 \rfloor} + 4 = c_{\lfloor 2 \rfloor} + 4 = c_2 + 4 = 2 + 4 = 6,$$
$$c_5 = c_{\lfloor 5/2 \rfloor} + 5 = c_{\lfloor 2.5 \rfloor} + 5 = c_2 + 5 = 2 + 5 = 7.$$

用数学归纳法证明,当 $n \geqslant 1$ 时,$c_n < 2n$。

证明 用强归纳法证明,在本例中,n_0 为 1,$1 \leqslant k < n$。

基础步骤 ($n=1$) $c_1 = 0 < 2 = 2 \cdot 1$。基础步骤证毕。

归纳步骤 假设对于所有满足 $1 \leqslant k < n$ 的 k,$c_k < 2k$。在此假设基础上证明当 $n > 1$ 时,$c_n < 2n$。

因为 $1 < n$,$2 \leqslant n$,所以 $1 \leqslant n/2 < n$。因此,$1 \leqslant \lfloor n/2 \rfloor < n$,取 $k = \lfloor n/2 \rfloor$,可以看到 k 满足不等式 $n_0 \leqslant k < n$。由归纳假设,$c_{\lfloor n/2 \rfloor} = c_k < 2k = 2\lfloor n/2 \rfloor$。现在,$c_n = c_{\lfloor n/2 \rfloor} + n < 2\lfloor n/2 \rfloor + n \leqslant 2(n/2) + n = 2n$。归纳步骤证毕。

证毕。

在学习了**偏序关系**和**全序关系**以后可以知道,整数集、自然数集(非负整数集)和正整数集,在小于或者等于关系下都是**全序集**。但是自然数集中有最小元素 0,正整数集中有最小元素 1,而整数集中没有最小元素。所谓**最小元素**,就是集合中存在的一个元素,它小于或者等于其他元素。

如果一个全序集的任何非空子集都有最小元素,那么就称这个全序集具有**良序性质**,这个集合就称为**良序集**。良序集的非空子集也是良序集。显然,自然数集和正整数集都是良序集,整数集不是良序集。**良序性质**与数学归纳法原理和强数学归纳法原理等价。感兴趣的读者可以自己完成相关证明。

习　　题

对正整数 n 用数学归纳法证明下面的等式。

1. $1+3+5+\cdots+(2n-1)=n^2$;

2. $1\cdot2+2\cdot3+3\cdot4+\cdots+n(n+1)=\dfrac{n(n+1)(n+2)}{3}$;

3. $\dfrac{2}{3}+\dfrac{2}{9}+\cdots+\dfrac{2}{3^n}=1-\left(\dfrac{1}{3}\right)^n$;

4. $1^2+2^2+3^2+\cdots+n^2=\dfrac{n(n+1)(2n+1)}{6}$;

5. $1^2+2^2+3^2-\cdots+(-1)^{n+1}n^2=\dfrac{(-1)^{n+1}n(n+1)}{2}$;

6. $1^3+2^3+3^3+\cdots+n^3=\left[\dfrac{n(n+1)}{2}\right]^2$;

7. $1(1!)+2(2!)+\cdots+n(n!)=(n+1)!-1$;

8. $\dfrac{1}{1\cdot3}+\dfrac{1}{3\cdot5}+\dfrac{1}{5\cdot7}+\cdots+\dfrac{1}{(2n-1)(2n+1)}=\dfrac{n}{2n+1}$;

9. $\dfrac{1}{2\cdot4}+\dfrac{1\cdot3}{2\cdot4\cdot6}+\dfrac{1\cdot3\cdot5}{2\cdot4\cdot6\cdot8}+\cdots+\dfrac{1\cdot3\cdot5\cdots(2n-1)}{2\cdot4\cdot6\cdots(2n+2)}=\dfrac{1}{2}-\dfrac{1\cdot3\cdot5\cdots(2n+1)}{2\cdot4\cdot6\cdots(2n+2)}$;

10. $\dfrac{1}{2^2-1}+\dfrac{1}{3^2-1}+\cdots+\dfrac{1}{(n+1)^2-1}=\dfrac{3}{4}-\dfrac{1}{2(n+1)}-\dfrac{1}{2(n+2)}$。

用归纳法证明下面的不等式。

11. $\dfrac{1}{2n}\leqslant\dfrac{1\cdot3\cdot5\cdot\cdots\cdot(2n-1)}{2\cdot4\cdot6\cdot\cdots\cdot(2n)}$, $\quad n=1,2,\cdots$

12. $2n+1\leqslant2^n$, $\quad n=3,4,\cdots$

13. 当 $x\geqslant-1$ 而且 $n\geqslant1$ 时,$(1+x)^n\geqslant1+nx$。

用归纳法证明下面的题目。

14. 当 $n\geqslant1$ 时,7^n-1 被 6 整除。

15. 当 $n\geqslant1$ 时,$6\cdot7^n-2\cdot3^n$ 被 4 整除。

16. 每个大于 7 的数字都是 3 的某个非负整数倍与 5 的某个非负整数倍的和。

证明下面的题目。

17. 由数学归纳法原理可以得到强数学归纳法。

18. 用归纳法证明自然数集是良序集。

6.2　递推关系引例

例 6.2.1(Hanoi 塔问题)　这是组合学中著名的问题。N 个圆盘按从小到大的顺序依次套在柱 A 上,如图 6.2.1 所示。规定每次只能从一根柱子上搬动一个圆盘到另一根柱子上,且要求在搬动过程中不允许大盘放在小盘上,而且只有 A、B、C 三根柱子可供使用。用 a_n 表示将 n 个盘从柱 A 移到柱 C 上所需搬动圆盘的次数,试建立数列 $\{a_n\}$ 的递推关系。

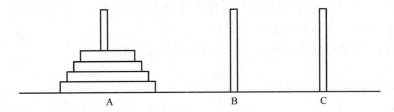

图 6.2.1　Hanoi 塔问题

解　易知,$a_1=1,a_2=3$,对于任何 $n\geqslant3$,现设计搬动圆盘的算法如下:

第一步,如图 6.2.2 所示,将套在柱 A 的上部的 $n-1$ 个盘按要求移到柱 B 上,共搬动了 a_{n-1} 次;

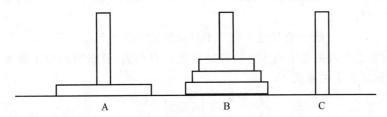

图 6.2.2　第一步移动后的情形

第二步,将柱 A 上的最大一个盘移到柱 C 上,只要搬动一次;

第三步,再从柱 B 将 $n-1$ 个盘按要求移到柱 C 上,也要用 a_{n-1} 次。

由加法法则,$\{a_n\}$ 满足:

$$\begin{cases} a_n=2a_{n-1}+1 \\ a_1=1 \end{cases}$$

利用上述关系式可以依次求得 $a_1,a_2,a_3,\cdots$,这样的连锁反应关系,称为**递推关系**。

例 6.2.2(Lancaster 战斗方程)　两军打仗,每支军队在每天战斗结束时都清点人数,用 a_0 和 b_0 分别表示在战斗打响前第一支和第二支军队的人数,用 a_n 和 b_n 分别表示第一支和第二支军队在第 n 天战斗结束时的人数,那么,$a_{n-1}-a_n$ 就表示第一支军队在第 n 天战斗中损失的人数,同样,$b_{n-1}-b_n$ 表示第二支军队在第 n 天战斗中损失的人数。

解　假设一支军队所减少的人数与另一支军队在每天战斗开始前的人数成比例,因而有常数 A 和 B,使得

$$\begin{cases} a_{n-1}-a_n=Ab_{n-1} \\ b_{n-1}-b_n=Ba_{n-1} \end{cases}$$

其中,常量 A、B 是度量每支军队的武器系数,将上述等式改写成

$$\begin{cases} a_n=a_{n-1}-Ab_{n-1} \\ b_n=b_{n-1}-Ba_{n-1} \end{cases}$$

这是一个含有两个未知量的方程组,称为**递归关系组**。

例 6.2.3　序列 $1,1,2,3,5,8,13,21,34,\cdots$ 中,每个数都是它前两者之和,这个序列称为 Fibonacci 数列。由于它在算法分析和近代优化理论中起着重要作用,又具有很奇特的数

学性质,因此,1963 年起美国就专门出版了针对这一数列进行研究的季刊 *Fibonacci Quarterly*。

该数列来源于 1202 年由意大利著名数学家 Fibonacci 提出的一个有趣的兔子问题:有雌雄一对小兔,一月后长大,两月起往后每月生(雌雄)一对小兔。小兔亦同样如此。设一月份只有一对小兔,问一年后共有多少对兔子?

更一般地,此问题可以变为问 n 个月后共有多少对兔子。

表 6.2.1

月份	1	2	3	4	…	$n-2$	$n-1$	n	$n+1$
小兔子数	1		1	1				F_{n-2}	
大兔子数		1	1	2		F_{n-2}	F_{n-1}		
总数	1	1	2	3		F_{n-2}	F_{n-1}	F_n	

将开始有第一对小兔的月份视为第一个月,用 F_n 表示在第 n 个月的兔子数,显然 $F_1 = F_2 = 1$。其次,可以看出

$$F_n = 前一个月兔子数 + 本月新增兔子数 = F_{n-1} + F_{n-2}$$

因为只有前二个月的兔子到本月恰好能生出一对小兔,故新增的兔子数等于 F_{n-2}。从而,数列 $\{F_n\}$ 满足如下关系式:

$$\begin{cases} F_n = F_{n-1} + F_{n-2}, & n \geqslant 3 \\ F_1 = F_2 = 1 \end{cases}$$

从上面的几个例子可以看到,建立数列所满足的递推关系,即建立一种规则,使得通过这种规则数列的每一项可由其前面的项唯一确定。

根据第 n 项依赖于其前面的项数的个数,递推关系可分为**有限阶**和**无限阶**两种。

例如,关于归并排序的比较次数 a_n 的递推关系 $a_n = a_{[\frac{n}{2}]} + n$ 就是一个无限阶的递推关系。一般地,一个 **r-阶递推关系**定义为:有正整数 r 以及一个 $r+1$ 元函数 F,使得对所有 $n \geqslant r$,有关系式 $a_n = F(a_{n-1}, a_{n-2}, \cdots, a_{n-r}; n)$。

这样,若已知数列开始的前 r 项 $a_0, a_1, a_2, \cdots, a_{r-1}$(通常称为初始条件),则通过关系式 $a_n = F(a_{n-1}, a_{n-2}, \cdots, a_{n-r}; n)$ 可以逐项确定整个数列。

例 6.2.4 试求四进制数中,有偶数个 0 的 n 位四进制的个数 a_n 满足的递推关系。

解 设 $\{a_n\}$ 表示 n 位四进制数中有偶数个 0 的个数 a_n 组成的序列,它可由两部分生成:

(1) 在有偶数个 0 的 $n-1$ 位四进制的末尾再添一位非 0(即 1, 2, 3)的数,可产生 $3a_{n-1}$ 个满足条件的 n 位四进制数;

(2) 在有奇数个 0 的 $n-1$ 位四进制数的末尾再添一位 0,可产生 $4^{n-1} - a_{n-1}$ 个满足条件的 n 位四进制数。

由加法原理知,总的 n 位四进制数为

$$a_n = 3a_{n-1} + 4^{n-1} - a_{n-1} = 4^{n-1} + 2a_{n-1}$$

显然当 $n=1$ 时,有 3 个含偶数个 0(0 个)的序列,故 $a_1 = 3$。

故 $\{a_n\}$ 满足如下递推关系:

$$\begin{cases} a_n = 4^{n-1} + 2a_{n-1} \\ a_1 = 3 \end{cases}$$

例 6.2.5 对 $1 \times n$ 棋盘用红、白、蓝三种颜色进行着色,不允许相邻两格都着红色,求着色方案数 a_n 所满足的递推关系。

解 设 a_n 表示满足条件的着色方案数。在该棋盘上着色,其方案可分成如下四类:

(1) 格 1 着白色,余下的是 $1 \times (n-1)$ 的棋盘,它所满足条件的着色方案数是 a_{n-1};

(2) 格 1 着蓝色,余下的是 $1 \times (n-1)$ 的棋盘,它所满足条件的着色方案数是 a_{n-1};

(3) 格 1 着红色,格 2 着蓝色,余下的是 $1 \times (n-2)$ 的棋盘,它所满足条件的着色方案数是 a_{n-2};

(4) 格 1 着红色,格 2 着白色,余下的是 $1 \times (n-2)$ 的棋盘,它所满足条件的着色方案数是 a_{n-2}。

故由加法原理,总的着色方案数为

$$a_n = 2a_{n-1} + 2a_{n-2}$$

显然 $n=1$ 时有 3 种方案,$n=2$ 时有 $2+3=8$ 种方案。

故 $\{a_n\}$ 满足如下递推关系:

$$\begin{cases} a_n = 2a_{n-1} + 2a_{n-2} \\ a_1 = 3, a_2 = 8 \end{cases}$$

通过上面几个例子,我们可以发现,建立递推关系的关键在于找出参数 n 与前几项的关系。

那么如何来求出 a_n 的解析表达式呢?一般来说,这并不容易,但我们可以考虑一些特殊类型的递推关系,以下几节我们讨论这种特殊类型递推关系的求解。

习   题

1. 令 S_n 表示不含子串"111"的 n 位字符串的个数。给出序列 $S_1, S_2, \cdots, S_n, \cdots$ 的递推关系和确定该序列的初始条件。

2. 令 S_n 表示不含子串"00"的 n 位字符串的个数。

(1) 给出序列 $S_1, S_2, \cdots, S_n, \cdots$ 的递推关系并确定该序列的初始条件。

(2) 证明 S_n 等于 Fibonacci 数 f_{n+2}。

3. 平面上有 n 条直线两两相交,且无三线共点。记交点数为 S_n,给出序列 $S_1, S_2, \cdots, S_n, \cdots$ 的递推关系并确定该序列的初始条件。

4. 考虑 n 个数 $\{1, 2, \cdots, n\}$ 的全排列,要求所有的元素不在自己的位置上,即元素 i 不能排在第 i 位,称这个排列为错排,记其方案数为 D_n,给出序列 $D_1, D_2, \cdots, D_n, \cdots$ 的递推关系并确定该序列的初始条件。

5. 设 $a_1, a_2, \cdots, a_n$ 为给定的 $n(>1)$ 个数,依据乘法的结合律,对这些数的乘积 $a_1 \times a_2 \times a_3 \times \cdots \times a_n$ 以加括号(不改变其顺序)的方式做乘法运算,用 S_n 记其不同的乘法方案数,试给出序列 $S_1, S_2, \cdots, S_n, \cdots$ 的递推关系并确定该序列的初始条件。

6. 在 $(n+1) \times (n+1)$ 的网格中,从左下角走到右上角,只允许向右或者向上行走,满足条件的路线称为非降路径,非降路径的数目记为 C_n。将非降路径按第一次经过左下角到右上角的对角线的位置分类,可得如下递推关系,请给予证明:

$$C_n = \frac{1}{2}C(2(n+1), n+1) - \sum_{k=0}^{n-1} C_k C(2(n-k), n-k)$$

7. 10 个数字(0～9)和 4 个四则运算符(＋,－,×,÷)组成的 14 个元素。求由其中的 n 个元素的排列构成一算术表达式的个数 a_n 所满足的递推关系。

6.3 一阶线性递推关系的求解

本节讨论一阶递推关系的求解,先看如下的例子。

例 6.3.1 小王按揭贷款买房,房贷总额 A 元,按年利息 p 每月固定额 M 还款。用 $T(n)$ 表示第 n 个月后的本息总金额,试建立其递推关系并求解。

解 年利率为 p,则月利率为 $p/12$,于是
$$T(n) = (1+0.01p/12)T(n-1) - M$$

在上述递推关系中,若用 $T(n-1)$ 替代 $T(n)$,则有
$$T(n-1) = (1+0.01p/12)T(n-2) - M$$

于是
$$
\begin{aligned}
T(n) &= (1+0.01p/12)T(n-1) - M \\
&= (1+0.01p/12)[(1+0.01p/12)T(n-2) - M] - M \\
&= \left(1+\frac{0.01p}{12}\right)^2 T(n-2) - M\left(\left(1+\frac{0.01p}{12}\right)+1\right) \\
&= \left(1+\frac{0.01p}{12}\right)^3 T(n-3) - M\left(\left(1+\frac{0.01p}{12}\right)^2 + \left(1+\frac{0.01p}{12}\right)+1\right) \\
&= \left(1+\frac{0.01p}{12}\right)^4 T(n-4) - M\left(\left(1+\frac{0.01p}{12}\right)^3 + \left(1+\frac{0.01p}{12}\right)^2 + \left(1+\frac{0.01p}{12}\right)+1\right) \\
&\quad \cdots \\
&= \left(1+\frac{0.01p}{12}\right)^n T(0) - M\left(\left(1+\frac{0.01p}{12}\right)^{n-1} + \left(1+\frac{0.01p}{12}\right)^{n-2} + \cdots + \left(1+\frac{0.01p}{12}\right)+1\right) \\
&= \left(1+\frac{0.01p}{12}\right)^n A - M\sum_{k=0}^{n-1}\left(1+\frac{0.01p}{12}\right)^k
\end{aligned}
$$

上述求解方法称为**迭代法**。我们也可以从 $T(0)$ 开始进行迭代。

$$T(0) = A$$

$$T(1) = \left(1+\frac{0.01p}{12}\right)T(0) - M = \left(1+\frac{0.01p}{12}\right)A - M$$

$$
\begin{aligned}
T(2) &= \left(1+\frac{0.01p}{12}\right)T(1) - M = \left(1+\frac{0.01p}{12}\right)^2 T(0) - M\left(\left(1+\frac{0.01p}{12}\right)+1\right) \\
&= \left(1+\frac{0.01p}{12}\right)^2 A - M\left(\left(1+\frac{0.01p}{12}\right)+1\right)
\end{aligned}
$$

$$
\begin{aligned}
T(3) &= \left(1+\frac{0.01p}{12}\right)T(2) - M \\
&= \left(1+\frac{0.01p}{12}\right)\left\{\left(1+\frac{0.01p}{12}\right)^2 T(0) - M\left[\left(1+\frac{0.01p}{12}\right)+1\right]\right\} - M
\end{aligned}
$$

$$= \left(1+\frac{0.01p}{12}\right)^3 A - M\left[\left(1+\frac{0.01p}{12}\right)^2 + \left(1+\frac{0.01p}{12}\right)+1\right]$$

同样能得到与上面相同的式子：

$$T(n) = \left(1+\frac{0.01p}{12}\right)^n A - M\sum_{k=0}^{n-1}\left(1+\frac{0.01p}{12}\right)^k$$

利用数学归纳法我们可以证明上述表达式的正确性。

一般地，对一阶线性递推关系 $T(n)=rT(n-1)+a,T(0)=b$，重复上面的做法，我们有

$$T(n) = rT(n-1)+a = r[rT(n-2)+a]+a$$
$$= r^2 T(n-2)+a(r+1)$$
$$= r^3 T(n-3)+a(r^2+r+1)$$
$$= r^4 T(n-4)+a(r^3+r^2+r+1)$$
$$\cdots$$
$$= r^n T(0)+a(r^{n-1}+r^{n-2}+\cdots+r+1)$$
$$= r^n b + a\sum_{k=0}^{n-1} r^k$$

这里 $\sum\limits_{k=0}^{n-1} a\, r^k$ 称为公比为 r，初始值为 a 的有限项几何级数。

令

$$S = r^{n-1}+r^{n-2}+\cdots+r+1$$
$$rS = r^n+r^{n-1}+\cdots+r+1$$
$$S-rS = 1-r^n$$
$$S = \frac{1-r^n}{1-r}$$

于是我们有如下定理。

定理 6.3.2 若 $T(n)=rT(n-1)+a, T(0)=b, \forall n\in \mathbf{Z}^+$。则对所有的 $n\in \mathbf{Z}^+$，

$$T(n) = r^n b + a\,\frac{1-r^n}{1-r}$$

证明 我们用数学归纳法证明。

基本步骤 当 $n=0$ 时，

$$T(0) = r^0 b + a\,\frac{1-r^0}{1-r} = b$$

即 $n=0$ 时结论为真。

归纳步骤 假设 $n>0$ 且有

$$T(n-1) = r^{n-1}b + a\,\frac{1-r^{n-1}}{1-r}$$

成立。则由 $T(n)=rT(n-1)+a$，有

$$T(n) = rT(n-1)+a = r\left(r^{n-1}b+a\,\frac{1-r^{n-1}}{1-r}\right)+a$$

$$= r^n b + a\,\frac{r-r^n}{1-r}+a = r^n b + \frac{ar-ar^n+a-ar}{1-r}$$

$$= r^n b + a\,\frac{1-r^n}{1-r}$$

即对 n 结论也真。

于是,由数学归纳法知,对所有的 $n\in\mathbf{Z}^+$,$T(n)=r^n b+a\dfrac{1-r^n}{1-r}$。定理得证。

注意:用迭代法求解递推关系时必须**加以证明**。

前面讨论的是常系数的一阶线性递推关系,下面我们考虑非常系数的一阶线性递推关系:

$$T(n)=a(n)T(n-1)+b(n),\quad T(0)=b,\quad\forall n\in\mathbf{Z}^+$$

按之前的做法,有

$$T(n-1)=a(n-1)T(n-2)+b(n-1)$$

$$
\begin{aligned}
T(n) &= a(n)T(n-1)+b(n)=a(n)\{a(n-1)T(n-2)+b(n-1)\}+b(n)\\
&= a(n)a(n-1)T(n-2)+a(n)b(n-1)+b(n)\\
&= a(n)a(n-1)\{a(n-2)T(n-3)+b(n-2)\}+a(n)b(n-1)+b(n)\\
&= a(n)a(n-1)a(n-2)T(n-3)+a(n)a(n-1)b(n-2)+a(n)b(n-1)+b(n)\\
&= \cdots\\
&= a(n)a(n-1)a(n-2)\cdots a(1)T(0)+a(n)a(n-1)\cdots a(2)b(1)\\
&\quad +\cdots+a(n)b(n-1)+b(n)\\
&= \prod_{k=1}^{n}a(k)b+\sum_{k=1}^{n}b(k)\prod_{j=k+1}^{n}a(j)
\end{aligned}
$$

于是,我们有如下定理。

定理 6.3.3　若 $T(n)=a(n)T(n-1)+b(n),T(0)=b,\forall n\in\mathbf{Z}^+$,则对所有的 $n\in\mathbf{Z}^+$,

$$T(n)=\prod_{k=1}^{n}a(k)b+\sum_{k=1}^{n}b(k)\prod_{j=k+1}^{n}a(j)$$

证明　用数学归纳法即可,作为练习自证。

推论 6.3.4　若 $T(n)=rT(n-1)+b(n),T(0)=b,\forall n\in\mathbf{Z}^+$,则对所有的 $n\in\mathbf{Z}^+$,

$$T(n)=r^n b+\sum_{k=1}^{n}r^{n-k}b(k)$$

例 6.3.5　求解递推关系 $T(n)=3T(n-1)+n,T(0)=10,\forall n\in\mathbf{Z}^+$。

解　由推论及 $r=3,b=10,b(n)=n$。有

$$
\begin{aligned}
T(n) &= 3^n\cdot 10+\sum_{k=1}^{n}3^{n-k}\cdot k\\
&= 3^n\cdot 10+3^n\sum_{k=1}^{n}k\cdot\left(\frac{1}{3}\right)^k
\end{aligned}
$$

利用高等数学中幂级数知识,知

$$\sum_{k=1}^{n}k\cdot x^k=\frac{nx^{n+2}-(n+1)x^{n+1}+x}{x^{n+2}}$$

令 $x=\dfrac{1}{3}$ 代入得

$$T(n) = 3^n \cdot 10 + 3^n \frac{n\left(\frac{1}{3}\right)^{n+2} - (n+1)\left(\frac{1}{3}\right)^{n+1} + \left(\frac{1}{3}\right)}{\left(1 - \left(\frac{1}{3}\right)\right)^2}$$

$$= 3^n \cdot 10 - \frac{n+1}{2} - \frac{1}{4} + \frac{3^{n+1}}{4}$$

$$= \frac{43}{4} 3^n - \frac{n+1}{2} - \frac{1}{4}$$

例 6.3.6 求解递推关系 $T(n) = 4T(n-1) + 2^n, T(0) = 6, \forall n \in \mathbf{Z}^+$。

解 由推论及 $r = 4, b = 6, b(n) = 2^n$。有

$$T(n) = 4^n \cdot 6 + \sum_{k=1}^{n} 4^{n-k} \cdot 2^k$$

$$= 4^n \cdot 6 + 4^n \cdot \sum_{k=1}^{n} 4^{-k} \cdot 2^k$$

$$= 4^n \cdot 6 + 4^n \cdot \sum_{k=1}^{n} \left(\frac{1}{2}\right)^k$$

$$= 4^n \cdot 6 + 4^n \cdot \frac{1}{2} \cdot \sum_{k=0}^{n-1} \left(\frac{1}{2}\right)^k$$

$$= 4^n \cdot 6 + 4^n \left(1 - \left(\frac{1}{2}\right)^n\right)$$

$$= 4^n \cdot 7 - 2^n$$

习　题

1. 设平面内有 n 条直线两两相交,且无三线共点。问这样的 n 条直线把平面分割成多少个不重叠的区域?

2. 求下列递推关系的一般解:

(1) $a_n - 3a_{n-1} = 1 - 2n$;

(2) $a_n - 3a_{n-1} = 3^n$;

(3) $a_n - 3a_{n-1} = (1 - 2n) + 3^n$;

(4) $a_n + 2a_{n-1} = 2$;

(5) $a_n - 6a_{n-1} = 8n + 1$;

(6) $a_n - na_{n-1} = 0$。

3. 求下列递推关系的定解:

(1) $\begin{cases} a_n - 4a_{n-1} = 2 \times 5^n, \\ a_1 = 2. \end{cases}$

(2) $\begin{cases} a_n - 5a_{n-1} = n + 1, \\ a_1 = 3. \end{cases}$

(3) $\begin{cases} a_n = 5^n a_{n-1}, \\ a_1 = 2. \end{cases}$

(4) $\begin{cases} a_n = 2n a_{n-1}, \\ a_0 = 1. \end{cases}$

6.4 常系数线性递推关系的求解

设 k 是给定的正整数，若数列 $a_0, a_1, \cdots, a_n, \cdots$ 的相邻 $k+1$ 项间满足关系：

$$a_n + c_1 a_{n-1} + c_2 a_{n-2} + \cdots + c_k a_{n-k} = f(n), \quad c_k \neq 0 \qquad (6.4.1)$$

对于 $n \geq k$ 成立，则称该关系为 $\{a_n\}$ 的 k 阶线性递推关系。其中，$f(n)$ 称为非齐次项或自由项。如果 $c_1, c_2, \cdots, c_k$ 都是常数，则称该关系为 k 阶常系数线性递推关系。如果 $f(n) = 0$，则称该关系为齐次的，即数列 $\{a_n\}$ 满足：

$$a_n + c_1 a_{n-1} + c_2 a_{n-2} + \cdots + c_k a_{n-k} = 0, \quad c_k \neq 0 \qquad (6.4.2)$$

显然满足式(6.4.1)或式(6.4.2)的数列有很多。

若还要求 $a_0 = d_0, a_1 = d_1, \cdots, a_{k-1} = d_{k-1}, d_0, d_1, \cdots, d_{k-1}$ 是常数，则称之为 k-阶常系数线性递推关系的定解问题，此时解是唯一的。否则，称之为通解（一般解）问题。

定义 6.4.1 求一个序列 $\{a_n\}$，使其满足：

$$a_n + c_1 a_{n-1} + c_2 a_{n-2} + \cdots + c_k a_{n-k} = 0, \quad c_k \neq 0$$

$$(\text{或 } a_n + c_1 a_{n-1} + c_2 a_{n-2} + \cdots + c_k a_{n-k} = f(n), \quad c_k \neq 0)$$

$$a_0 = d_0, a_1 = d_1, \cdots, a_{k-1} = d_{k-1}, c_1, \cdots, c_k, d_0, d_1, \cdots, d_{k-1} \text{是常数} \qquad (6.4.3)$$

称为 k 阶常系数线性齐次（或非齐次）递推关系的**定解问题**。(6.4.3)称为**初始条件**。

解常系数递推关系比较简单且有效的方法是特征根法。其思想与解常系数线性微分方程类似，解的结构和求解的方法也类似。首先我们给出解的性质及其刻画。

定理 6.4.2 设数列 $\{b_n^{(1)}\}$ 和 $\{b_n^{(2)}\}$ 是(6.4.2)的两个解，则 $\{r_1 b_n^{(1)} + r_2 b_n^2\}$ 也是(6.4.2)的解，其中 r_1、r_2 为任意常数。

证明 由条件知，$\{b_n^{(1)}\}$、$\{b_n^{(2)}\}$ 都满足递推关系(6.4.2)，即有

$$b_n^{(1)} + c_1 b_{n-1}^{(1)} + c_2 b_{n-2}^{(1)} + \cdots + c_k b_{n-k}^{(1)} = 0$$

$$b_n^{(2)} + c_1 b_{n-1}^{(2)} + c_2 b_{n-2}^{(2)} + \cdots + c_k b_{n-k}^{(2)} = 0$$

将第一个方程乘以 r_1 加上 r_2 乘以第二个方程得

$$r_1 \sum_{i=0}^{k} c_i b_{n-i}^{(1)} + r_2 \sum_{i=0}^{k} c_i b_{n-i}^{(2)} = \sum_{i=0}^{k} c_i (r_1 b_{n-i}^{(1)} + r_2 b_{n-i}^{(2)}) = 0$$

（为方便记，令 $c_0 = 1$，下同）。即知 $\{r_1 b_n^{(1)} + r_2 b_n^2\}$ 也满足方程(6.4.2)。

上述性质可以推广到一般情形：设 $\{b_n^{(1)}\}, \{b_n^{(2)}\}, \cdots, \{b_n^{(m)}\}$ 均为(6.4.2)之解，则 $\{b_n = \sum_{i=1}^{m} r_i b_n^{(i)}\}$ 也是(6.4.2)的解。其中 $r_1, r_2, \cdots, r_m$ 为任意常数。

类似地，若 $\{d_n^{(1)}\}$ 和 $\{d_n^{(2)}\}$ 是(6.4.1)的解，则 $\{b_n = d_n^{(1)} - d_n^{(2)}\}$ 是(6.4.2)的解。

若 $\{b_n\}$ 是(6.4.1)的解，$\{d_n\}$ 是(6.4.2)的解，则 $\{b_n \pm d_n\}$ 是(6.4.1)的解。

推广到一般情形：设 $\{d_n\}$ 是(6.4.1)的解，$\{b_n^{(1)}\}, \{b_n^{(2)}\}, \cdots, \{b_n^{(s)}\}$ 分别是(6.4.2)的解，

则 $\left\{ d_n + \sum\limits_{i=1}^{s} b_n^{(i)} \right\}$ 是(6.4.1)的解。

叠加原理 设 $\{d_n^{(1)}\}$ 是递推关系 $\sum\limits_{i=0}^{k} c_i a_{n-i} = f_1(n)$ 的解，$\{d_n^{(2)}\}$ 是递推关系 $\sum\limits_{i=0}^{k} c_i a_{n-i} = f_2(n)$ 的解，则 $\{d_n = d_n^{(1)} + d_n^{(2)}\}$ 是递推关系 $\sum\limits_{i=0}^{k} c_i a_{n-i} = f_1(n) + f_2(n)$ 的解。

定义 6.4.3 称多项式

$$C(x) = x^k + c_1 x^{k-1} + c_2 x^{k-2} + \cdots + c_{k-1} x + c_k$$

为齐次递推关系(6.4.2)的**特征多项式**，相应的代数方程

$$C(x) = x^k + c_1 x^{k-1} + c_2 x^{k-2} + \cdots + c_{k-1} x + c_k = 0$$

称为(6.4.2)的**特征方程**，特征方程的 k 个根 $q_1, q_2, \cdots, q_k$ 称为该递推关系(6.4.2)的**特征根**，其中 q_i 是复数。

因为 $C_k \neq 0$，所以 0 不是特征根。我们有如下性质。

定理 6.4.4 设 q 是一个非零的复数，则数列 $a_n = q^n$ 是递推关系(6.4.2)的一个解当且仅当 q 为(6.4.2)的一个特征根。

证明 $a_n = q^n$ 是(6.4.2)的一个解

$\Leftrightarrow q^n + c_1 q^{n-1} + \cdots + c_k q^{n-k} = 0$

$\Leftrightarrow q^k + c_1 q^{k-1} + \cdots + c_k = 0$

$\Leftrightarrow q$ 是方程 $C(x) = 0$ 的解，即 q 是递推关系(6.4.2)的特征根。

定义 6.4.5 若 $\{a_n^{(1)}\}, \{a_n^{(2)}\} \cdots \{a_n^{(k)}\}$ 是(6.4.2)的不同解，且(6.4.2)的任何解都可以表示为它们的线性组合，即存在一组常数 $r_1, r_2, \cdots, r_k$ 使得 $r_1 a_n^{(1)} + r_2 a_n^{(2)} + \cdots + r_k a_n^{(k)} = a_n$，则称 $r_1 a_n^{(1)} + r_2 a_n^{(2)} + \cdots + r_k a_n^{(k)}$ 为(6.4.2)的**通解**，其中 $r_1, r_2, \cdots, r_k$ 为任意常数。

由以上定理知道，若 q 是特征根，则 $a_n = q^n$ 是递推关系(6.4.2)的一个解，于是我们可以求出全部的特征根，将这些特征根对应的解做线性组合，看看是否能构成递推关系的通解。如行则问题解决了。否则，我们将在这些解的基础上通过其他途径来构造通解，具体来说我们有如下定理。

定理 6.4.6 设 $q_1, q_2, \cdots, q_k$ 是递推关系(6.4.2)的不相等的特征根，则

$$a(n) = a_1 q_1^n + a_2 q_2^n + \cdots + a_k q_k^n$$

是递推关系(6.4.2)的通解，其中 $a_1, a_2, \cdots, a_k$ 是任意常数。

证明 设 $q_1, q_2, \cdots, q_k$ 是(6.4.2)的互不相同的特征根，则

$$a_n = A_1 q_1^n + A_2 q_2^n + \cdots + A_k q_k^n$$

是解，其中 $A_1, A_2, \cdots, A_k$ 为任意常数(待定)。

下证(6.4.2)的所有解都可以表为上述形式。即设 b_n 是(6.4.2)的一个解，且满足初始条件 $b_i = d_i, i = 0, 1, \cdots, k-1$，则可以找到一组常数 $A_1, A_2, \cdots, A_k$，使得 $b_n = \sum\limits_{i=1}^{k} A_i q_i^n$。下设 $b_n = \sum\limits_{i=1}^{k} A_i q_i^n$ 代入初始条件，可得关于 A_i 的线性方程组

$$\begin{cases} A_1 q_1^0 + A_2 q_2^0 + \cdots + A_k q_k^0 = b_0 \\ A_1 q_1 + A_2 q_2 + \cdots + A_k q_k = b_1 \\ \vdots \\ A_1 q_1^{k-1} + A_2 q_2^{k-1} + \cdots + A_k q_k^{k-1} = b_{k-1} \end{cases}$$

其系数行列式为著名的范德蒙(Vandermonde)行列式:

$$D = \begin{vmatrix} 1 & 1 & \cdots & 1 \\ q_1 & q_2 & \cdots & q_k \\ q_1^2 & q_2^2 & \cdots & q_k^2 \\ \vdots & \vdots & & \vdots \\ q_1^{k-1} & q_2^{k-1} & \cdots & q_k^{k-1} \end{vmatrix} = \prod_{1 \leqslant i < j \leqslant k} (q_j - q_i) \neq 0$$

所以方程组有唯一解。即 b_n 一定可以表示为(6.4.2)的形式。

由 b_n 的任意性,知结论成立。

例 6.4.7 求递推关系 $a_n - 4a_{n-1} + a_{n-2} = -6a_{n-3}$ 的通解。

解 特征方程为 $x^3 - 4x^2 + x + 6 = 0$,解之得特征根

$$q_1 = -1, \quad q_2 = 2, \quad q_3 = 3$$

通解为 $a_n = A(-1)^n + B2^n + C3^n$,其中,$A$、$B$、$C$ 为任意常数。

例 6.4.7续(定解问题)设初值为:$a_0 = 5, a_1 = 13, a_2 = 35$,试求其定解。

解 将初始值代入通解,得关于 A、B、C 的方程组为

$$\begin{cases} A + B + C = 5 \\ -A + 2B + 3C = 13 \\ A + 4B + 9C = 35 \end{cases}$$

解得 $A = 0, B = 2, C = 3$,故

$$a_n = 2 \cdot 2^n + 3 \cdot 3^n = 2^{n+1} + 3^{n+1}$$

若初值为 $a_0 = 4, a_1 = -1, a_2 = 7$,类似地,得关于 A、B、C 的方程组为

$$\begin{cases} A + B + C = 4 \\ -A + 2B + 3C = -1 \\ A + 4B + 9C = 7 \end{cases}$$

解得 $A = 3, B = 1, C = 0$,故

$$a_n = 3(-1)^n + 2^n$$

例 6.4.8 求定解问题

$$\begin{cases} a_n - a_{n-1} - 12a_{n-2} = 0 \\ a_0 = 3, a_1 = 26 \end{cases}$$

解 先写出特征方程

$$x^2 - x - 12 = 0$$

易得特征根为

$$x_1 = 4, x_2 = -3$$

于是递推关系的通解为

$$a_n = A \times 4^n + B \times (-3)^n$$

将初始值代入通解,得关于 A、B 的方程组为

$$\begin{cases} A + B = 3 \\ 4A - 3B = 26 \end{cases}$$

解得 $A = 5, B = -2$,故

$$a_n = 5 \times 4^n - 2(-3)^n$$

例 6.4.9 一个小孩上楼梯,每次可以上一个或两个台阶,问上 n 阶楼梯有多少种方法?

解 记小孩上 n 阶楼梯有 $h(n)$ 种方法,这些方法可以分成两类:

(1) 第一步上一个台阶,其方法数为 $h(n-1)$;

(2) 第一步上两个台阶,其方法数为 $h(n-2)$。

显然,$h(1)=1,h(2)=2$。所以
$$h(n)=h(n-1)+h(n-2)$$
$$h(1)=1, \quad h(2)=2$$

我们再次得到了 Fibonacci 数列所满足的递推关系。

下面我们来求解这个递推关系,它的特征方程为
$$x^2-x-1=0$$

其特征根为
$$x_1=\frac{1+\sqrt{5}}{2}, \quad x_2=\frac{1-\sqrt{5}}{2}$$

所以,通解为
$$h(n)=A\left(\frac{1+\sqrt{5}}{2}\right)^n+B\left(\frac{1-\sqrt{5}}{2}\right)^n$$

代入初值来确定 A 和 B,得到方程组:
$$A\frac{1+\sqrt{5}}{2}+B\frac{1-\sqrt{5}}{2}=1$$
$$A\left(\frac{1+\sqrt{5}}{2}\right)^2+B\left(\frac{1-\sqrt{5}}{2}\right)^2=2$$

解得 $A=\frac{1}{\sqrt{5}}\frac{1+\sqrt{5}}{2}, B=-\frac{1}{\sqrt{5}}\frac{1-\sqrt{5}}{2}$。
$$h(n)=\frac{1}{\sqrt{5}}\left(\frac{1+\sqrt{5}}{2}\right)^{n+1}-\frac{1}{\sqrt{5}}\left(\frac{1-\sqrt{5}}{2}\right)^{n+1}$$

若特征方程有重根,如何处理?先看下面的例子。

例 6.4.10 求递推关系 $a_n-4a_{n-1}+4a_{n-2}=0$ 的通解。

解 特征方程为 $x^2-4x+4=0$,特征根 $q_1=q_2=2$ 是二重根,若按单根情形处理,做通解 $a_n=A_1 2^n+A_2 2^n=A2^n$,实际上只有一个待定常数。要满足两个初始条件 $a_0=d_0,a_1=d_1$,一般是不可能的。其实质在于按特征根确定的两个解 $a_n^{(1)}=2^n$ 和 $a_n^{(2)}=2^n$ 是线性相关的,即
$$D=\begin{vmatrix} a_0^{(1)} & a_0^{(2)} \\ a_1^{(1)} & a_1^{(2)} \end{vmatrix}=\begin{vmatrix} 2^0 & 2^0 \\ 2^1 & 2^1 \end{vmatrix}=0$$

现在的问题是要找两个线性无关的解 $a_n^{(1)}$ 和 $a_n^{(2)}$,使得
$$D=\begin{vmatrix} a_0^{(1)} & a_0^{(2)} \\ a_1^{(1)} & a_1^{(2)} \end{vmatrix}\neq 0$$

我们可以试着在 2^n 的基础上再乘以 n,即令 $a_n^{(2)}=n2^n$,将其代入递推关系即可以知道 $a_n^{(2)}$ 是 $a_n-4a_{n-1}+4a_{n-2}=0$ 的解,且与 $a_n^{(1)}=2^n$ 线性无关。于是可令
$$a_n=A_1 2^n+A_2 n2^n$$

与上面定理的证明类似,我们可以证明它就是 $a_n-4a_{n-1}+4a_{n-2}=0$ 的通解。

一般地,设 q 是(6.4.2)的 s 重根,则

$$a_n=(A_1+A_2n+\cdots+A_sn^{s-1})q^n$$

是(6.4.2)的一个解。于是,我们有如下定理。

定理 6.4.11 设 $q_1,q_2,\cdots,q_t$ 是(6.4.2)的 t 个不同的根,其中 q_i 为 k_i 重根$(i=1,2,\cdots,t,\sum\limits_{i=1}^{t}k_i=k)$,那么,(6.4.2)的通解为

$$
\begin{aligned}
a_n &=\sum_{i=1}^{t}\sum_{j=1}^{k_i}A_{ij}n^{j-1}q_i^n\\
&=(A_{11}+A_{12}n+\cdots+A_{1k_1}n^{k_1-1})q_1^n+(A_{21}+A_{22}n+\cdots+A_{2k_2}n^{k_2-1})q_2^n+\cdots\\
&\quad+(A_{t1}+A_{t2}n+\cdots+A_{tk_t}n^{k_t-1})q_t^n
\end{aligned}
$$

其中,诸 A_{ij} 为待定常数。

证明略。

习　　题

1. 用红、蓝两种颜色对 $1\times n$ 的方格涂色,每个方格只能涂一种颜色,如果要求涂成红色的两个方格不能相邻,问有多少种方法?

2. 求下列递推关系的一般解:

(1) $a_n-2a_{n-1}+a_{n-2}=1-2n$;

(2) $a_n+3a_{n-1}+2a_{n-2}=3^n$;

(3) $a_n-3a_{n-1}-4a_{n-2}=(1-2n)+3^n$;

(4) $a_n-3a_{n-1}+2a_{n-2}=0$;

(5) $a_n-6a_{n-1}+8a_{n-2}=0$;

(6) $a_n-3a_{n-1}-4a_{n-2}=0$。

3. 求下列递推关系的定解:

(1) $\begin{cases}a_n-4a_{n-1}+4a_{n-2}=2\times5^n\\a_1=2,a_2=4\end{cases}$
(2) $\begin{cases}a_n-5a_{n-1}+4a_{n-2}=1\\a_0=1,a_1=3\end{cases}$

(3) $\begin{cases}a_n=4a_{n-1}+5a_{n-2}+5^n\\a_1=2,a_2=4\end{cases}$
(4) $\begin{cases}a_n=2a_{n-1}-a_{n-2}+1\\a_0=1,a_1=2\end{cases}$

(5) $\begin{cases}a_n-6a_{n-1}+9a_{n-2}=0\\a_0=1,\quad a_1=3\end{cases}$
(6) $\begin{cases}a_n-a_{n-1}-2a_{n-2}=0\\a_0=1,\quad a_1=2\end{cases}$

(7) $\begin{cases}a_n+8a_{n-1}+16a_{n-2}=0\\a_0=3,\quad a_1=-30\end{cases}$
(8) $\begin{cases}9a_n=6a_{n-1}-a_{n-2}\\a_0=6,\quad a_1=5\end{cases}$

(9) $\begin{cases}2a_n=7a_{n-1}-3a_{n-2}\\a_0=1,\quad a_1=2\end{cases}$
(10) $\begin{cases}a_n=2a_{n-1}+8a_{n-2}\\a_0=2,\quad a_1=5\end{cases}$

4. 方程

$$a_n = c_1 a_{n-1} + c_2 a_{n-2} + f(n) \tag{*}$$

称为二阶常系数非齐次线性递推关系。令 $g(n)$ 为上述递推关系的一个解（称为特解）。证明该二阶常系数非齐次线性递推关系的任意一个解 Un 都具有如下形式：

$$Un = Vn + g(n)$$

其中，Vn 是对应的二阶常系数齐次线性递推关系

$$a_n = c_1 a_{n-1} + c_2 a_{n-2} \tag{**}$$

的通解。

利用代入法，我们可以证明如下论断。若 $f(n) = A \cdot n + B$，则当 1 不是方程

$$x^2 - c_1 x - c_2 = 0 \tag{***}$$

的根时，方程（*）有形如 $g(n) = \alpha \cdot n + \beta$ 的解，其中 α, β 为待定常数。若 1 是方程 $x^2 - c_1 x - c_2 = 0$ 的 $m(m=1$ 或 $m=2)$ 重根，方程（*）有形如 $g(n) = n^m(\alpha \cdot n + \beta)$ 的解，其中 α, β 为待定常数。

更一般地，若 $f(n) = b_1 n^t + b_2 n^{t-1} + \cdots + b_t n + b_{t+1}$，1 是方程（***）的 $m(m=1$ 或 $m=2)$ 重根，则方程（*）有形如

$$g(n) = n^m(p_1 n^t + p_2 n^{t-1} + \cdots + p_t n + p_{t+1})$$

的特解，其中诸 p_i 是待定常数。

若 1 不是方程（***）的根，则方程（*）有形如

$$g(n) = p_1 n^t + p_2 n^{t-1} + \cdots + p_t n + p_{t+1}$$

的特解，其中诸 p_i 是待定常数。

进一步地，若 $f(n) = a \times s^n$，s 是方程（***）的 $m(m=1$ 或 $m=2)$ 重根，则方程（*）有形如

$$g(n) = n^m \times p \times s^n$$

的特解，其中 p 是待定常数。

若 s 不是方程（***）的根，则方程（*）有形如 $g(n) = p \times s^n$ 的特解，其中 p 是待定常数。

利用上述结论，试求解如下递推关系的一般解。

(1) $a_n + 5a_{n-1} + 6a_{n-2} = 3$；

(2) $a_n + 4a_{n-1} + 4a_{n-2} = 3n + 1$；

(3) $a_n - a_{n-1} = 2n$；

(4) $a_n - 2a_{n-1} + a_{n-2} = n$；

(5) $a_n - 5a_{n-1} + 6a_{n-2} = 3^n$；

(6) $a_n + 5a_{n-1} + 6a_{n-2} = 42 \times 4^n$；

(7) $2a_n = 7a_{n-1} - 3a_{n-2} + 2^n$；

(8) $a_n = 5a_{n-1} + 4a_{n-2} = 2^n$。

第 7 章

图　论

　　图论(Graph Theory)是应用十分广泛的数学分支,也是运筹学的一个主要分支,它已广泛应用于计算机、信息通信网络、管理科学与工程、物理、化学等领域。从数学上讲,图论是研究集合元素间的二元关系的学科,集合的这种二元关系可以用图来刻画。用点表示集合中的元素,用连接两点的线表示相应两个元素之间具有这种关系,两点间的连线称为边。这种由若干给定的点及两点之间的连线所成的边构成的图形称为图,它通常用来描述或刻画某些事物之间的某种特定关系。

　　图论肇始于 1736 年欧拉发表的关于 Konigsberg 七桥问题的论文,20 世纪以来,特别是近 50 年以来随着计算机科学的飞速发展,图论已经成为一门重要的数学分支,其应用涉及计算机、通信、化学、工程管理、社会科学等众多领域,图论模型与算法也成为这些学科中的相关应用问题的模型库和算法基础。

7.1　图的基本概念

7.1.1　图的定义及表示

　　在实际生活中,人们为了反映一些对象之间的关系,常常在纸上用点和线来描绘这些对象的关系的示意图。例如,在纸上用点表示我国的省会城市,如果这两个城市之间有直达航班,用线将这两个城市连接起来,则所得到的图就是省会城市间的航空线路图。

　　再如,大家熟悉的通信网,它也可以用图来表示,每个节点对应到交换机(或路由器),每条边对应到连接交换机的链路(link)。还可以举出许多类似的例子,如铁路网、公交网、基因网络、电话网、论文引用网、网店声誉网等。

　　以上这些例子都体现了两个重要概念:点和边,它是构成图的基础,下面我们给出图的正式定义。

　　定义 7.1.1　图(graph):图 G 是一个二元组 (V,E),其中集合 V 称为**顶点集**,集合 E 是 $V \& V = \{$无序对 $\{u,v\} \mid u,v \in V\}$ 的一个子集(无序对,元素可重复),称为**边集**,使得对每一边 $e \in E$,有 V 中一无序顶点对 $\{u,v\}$ 与之对应,称边 e 与 u 和 v 关联。若只有唯一的一条边 e 与 u,v 关联,则记为 $e=(u,v)$ 或 $e=(v,u)$,此时也用 (u,v) 来表示连接 u 和 v 的唯一一边。

　　图的顶点集中的元素称为**顶点**,边集中的元素称为**边**。对边 $e=(u,v) \in E$,我们称顶点

u 和 v 是边 e 的**端点**,此时也称 u 和 v 是**相邻**的。称边 e 连接 u 和 v,或者称 e 与 u 和 v **关联**。边 $e=(u,v)$ 也可写成 $e=uv$。图 G 的顶点个数 $|V|$ 称为图 G 的**阶**,边的条数 $|E|$ 称为图 G 的**边数**或**大小**。

上述定义中边 e 对应的顶点对 (u,v) 是无序的,如果考虑其次序,则就是所谓的有向图。其定义如下。

有向图 D 是一个二元组 (V,E),其中集合 V 称为**顶点集**,集合 E 是 $V \times V$ 的一个子集(有序对,元素可重复),称为**有向边(弧)集**,使得对每一弧 $e \in E$,有 V 中一有序顶点对 (u,v) 与之对应,称 u 为边 e 的**起点**或**尾**,v 为边 e 的**终点**或**头**。若只有唯一的一条边 e 以 u 为起点,v 为终点,则记为 $e=(u,v)$,此时也用 (u,v) 来表示连接 u 到 v 的唯一边。

注意:在有向图中 $e=(u,v)$ 和 $e'=(u,v)$ 是两条方向相反的弧。

在下面的讨论中我们说图 G 一般指的是无向图,而讨论有向图时都指明是有向图 G 或有向图 D。

例 7.1.2 考虑图 $G=(V,E)$,其中,$V=\{v_1,v_2,\cdots,v_8\}$,$E=\{e_1=(v_1,v_2),e_2=(v_1,v_5),e_3=(v_2,v_8),e_4=(v_3,v_5),e_5=(v_3,v_4),e_6=(v_4,v_5),e_7=(v_5,v_6),e_8=(v_2,v_5),e_9=(v_1,v_6),e_{10}=(v_6,v_7),e_{11}=(v_5,v_7),e_{12}=(v_6,v_8),e_{13}=(v_4,v_7),e_{14}=(v_7,v_8),e_{15}=(v_4,v_8),e_{16}=(v_2,v_3),e_{17}=(v_1,v_7),e_{18}=(v_5,v_8)\}$。

这便定义出一个无向图。

例 7.1.3 考虑图 $G=(V,E)$,其中 $V=\{v_1,v_2,v_3,v_4\}$,$E=\{e_1,e_2,e_3,e_4,e_5,e_6\}$,$e_1=(v_1,v_2),e_2=(v_1,v_3),e_3=(v_1,v_4),e_4=(v_2,v_3),e_5=(v_2,v_3),e_6=(v_3,v_3)$。

例 7.1.4 考虑图 $G=(V,E)$,其中 $V=\{v_1,v_2,v_3,v_4,v_5,v_6\}$,$E=\{e_1,e_2,e_3,e_4,e_5\}$,$e_1=(v_1,v_2),e_2=(v_1,v_2),e_3=(v_2,v_2),e_4=(v_2,v_3),e_5=(v_5,v_6)$。

例 7.1.5 考虑有向图 $D=(V,E)$,其中 $V=\{v_1,v_2,v_3,v_4,v_5,v_6\}$,$E=\{e_1,e_2,e_3,e_4,e_5,e_6,e_7\}$,$e_1=(v_2,v_1),e_2=(v_3,v_5),e_3=(v_2,v_3),e_4=(v_3,v_2),e_5=(v_3,v_6),e_6=(v_6,v_4),e_7=(v_6,v_6)$。

通常,图的顶点可用平面上的一个点来表示,边可用平面上的线段来表示(直的或曲的)。这样画出的平面图形称为图的图示。对于有向图 G,其弧则用平面上的有向线段表示,$e=(u,v)$ 是一条弧,则用一条由 u 指向 v 的有向(带箭头的)线段来表示。

例如,例 7.1.2 中图的一个图示如图 7.1.1 所示。

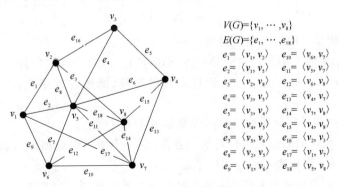

图 7.1.1 例 7.1.2 的图示

例 7.1.3 中图的图示如图 7.1.2 所示。

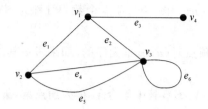

图 7.1.2 例 7.1.3 的图示

例 7.1.4 中图的图示如图 7.1.3 所示。

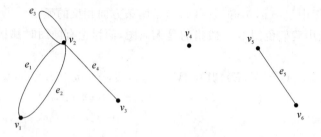

图 7.1.3 例 7.1.4 的图示

例 7.1.5 中有向图的图示如图 7.1.4 所示。

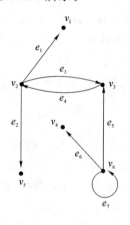

图 7.1.4 例 7.1.5 的图示

例 7.1.6 化学中的一个图论模型

19 世纪,化学家凯莱用图论研究简单烃(即碳氢化合物)用点抽象分子式中的碳原子和氢原子,用边抽象原子间的化学键。**通过这样的建模,能很好地研究简单烃的同分异构现象。**

例如,C_4H_{10} 的两种同分异构结构图模型如图 7.1.5 所示。

注:由于表示顶点的平面点的位置的任意性,同一个图可以画出形状迥异的很多图示。图 7.1.6 所示的两个图形表示的是同一个图。

在图中,边的形状是无关紧要的,与边相连的点的位置可任意配置,边无粗细,点无大小。如果一个图的边集为空集,则称该图为**空图**(Empty Graph)。如果某图的顶点和边集合均为空集,称该图为**零图**(Null Graph)。

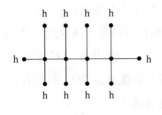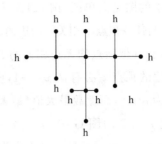

图 7.1.5 C_4H_{10} 的两种同分异构结构图模型

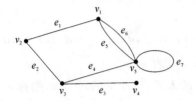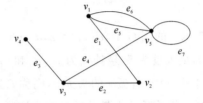

图 7.1.6 同一个图的不同画法图示

如果一些边有完全相同的两个端点,则称这些边为**平行边(重边)**。例如,例 7.1.3 中的边 e_4 和 e_5 即为平行边。如果一条边的两个端点是同一顶点,则称该边为**自回路(自环)**,例 7.1.3 中的 e_6 就是一个自环。对于有向图,两条弧称作是平行弧,是指它们的起点和终点都是相同的。例如,图 7.1.7 所示有向图 D 中 e_4 和 e_5 即为平行弧,但 e_6 和 e_7 不是平行弧。e_2 是自环。

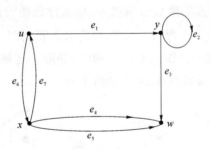

图 7.1.7 有向图的图示

一个不包括平行边和自回路的图称为**简单图**,否则称为**多重图**。图 7.1.8 所示的图(a)是简单图,图(b)是多重图。

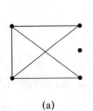

(a)

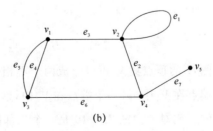

(b)

图 7.1.8 简单图与多重图图示

例 7.1.3 中的图是简单图,例 7.1.3 和例 7.1.4 均是多重图,例 7.1.5 是简单有向图。

在图 G 中,与任一顶点 v_i 相关联的边的数目(自环计 2 次)称为该顶点的**度**,记为 $d(v_i)$。

显然,与所有其他顶点均无边相连的点 v_i,$d(v_i)=0$,此点称为**孤立顶点**。只有一条边与其他顶点相连的顶点 v_i 必有 $d(v_i)=1$,该顶点称为**悬挂点**。图 G 中所有顶点的度数最小值(最小度)记为 $\delta(G)$,而度数最大值(最大度)记为 $\Delta(G)$。

例如,在例 7.1.2 的图 G 中,$d(v_1)=4$,$d(v_2)=4$,$d(v_3)=3$,$d(v_4)=4$,$d(v_5)=7$,$d(v_6)=4$,$d(v_7)=5$,$d(v_8)=5$。最小度为 3,最大度为 7,无孤立点和悬挂点。

在例 7.1.3 的图 G 中,$d(v_1)=3$,$d(v_2)=3$,$d(v_3)=5$,$d(v_4)=1$。最小度为 1,最大度为 5,悬挂点为 v_4。

在例 7.1.4 的图 G 中,$d(v_1)=2$,$d(v_2)=5$,$d(v_3)=1$,$d(v_4)=0$,$d(v_5)=1$,$d(v_6)=1$。最小度为 0,最大度为 5,悬挂点为 v_3,v_5 和 v_6,孤立点为 v_4。

在有向图 D 中,若弧 e 的头为 v,则称 e 为 v 的**入弧**;若弧 e 的尾为 u,则称 e 为 v 的**出弧**。与顶点 v_i 相关联的入弧的数目称为该顶点的**入度**,记为 $d^-(v_i)$,与任一顶点 v_i 相关联的出弧的数目称为该顶点的**出度**,记为 $d^+(v_i)$,顶点 v_i 的入度和出度之和称为它的**度**。类似地,可以定义有向图的最小入度、最大入度、最小出度、最大出度、最小度、最大度。

在例 7.1.5 中顶点 v_1,v_2,v_3,v_4,v_5,v_6 的入度分别为 1,1,2,1,1,1;出度分别为 0,2,1,0,0,3;度分别为 1,3,3,1,1,4;最小入度为 1,最大入度为 2;最小出度为 0,最大出度为 3;最小度为 1,最大度为 4。

如果一个图 G 中所有顶点的度数值均相等,那么称该图为**正则图**。例如,一个图中所有顶点度数均为 5,则该图为 5 正则图。同理,可定义 k-正则图。正则图具有许多独持的性质,是图论研究的重要对象之一。图 7.1.9(a)和(b)都是 3-正则图。其中图(b)是著名的皮特森(Petersen)图,是数学家皮特森在 1891 年给出的。

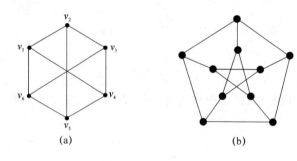

图 7.1.9　正则图

如果一个图 G 的顶点集 V 可以分成两个不相交子集 V_1 和 V_2($V_1 \cup V_2 = V$),且图 G 的所有边的一个端点在 V_1 中,另一个端点在 V_2 中,这样的图称为**二部(分)图**,记为 $K_{V1,V2}$,二部图也是常见的研究对象。图 7.1.10 是一个二部图。

若 $|V_1|=m$,$|V_2|=n$,且 V_1 中每个点都和 V_2 中的点相邻,则称二部图 K_{V_1,V_2} 为**完全二部图**,记为 $K_{m,n}$。图 7.1.10 就是一个完全二部图 $K_{3,3}$。

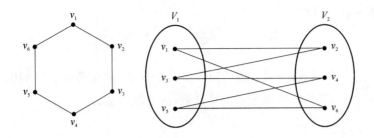

图 7.1.10 二部图及其图示

如果简单图 $G=(V,E)$（$n=|V|$）的任何两个点都相邻，则称它为完全图，记为 K_n。图 7.1.11是 $n=1,2,3,4$ 时的完全图。

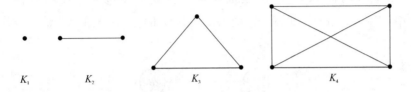

图 7.1.11 完全图

以后章节中若不作说明，通常讨论的图一般指的是简单（无向）图，它具有图的许多基本特性，是图论中研究的最基本的对象。下面介绍与之有关的两个基本定理。

考虑例 7.1.2 中的图 G，它有 18 条边，它的顶点的度数总和为

$$\sum d(v) = 4+4+3+4+7+4+5+5 = 36 = 2|E|$$

类似的，在例 7.1.3 中的图 G，它有 6 条边，它的顶点的度数总和为

$$\sum d(v) = 3+3+5+1 = 12 = 2|E|$$

在例 7.1.4 中的图 G，它有 5 条边，它的顶点的度数总和为

$$\sum d(v) = 2+5+1+0+1+1 = 1 = 10 = 2|E|$$

我们发现，这些图中所有顶点的度数之和都是边数的 2 倍，它对一般的图都成立吗？实际上我们有如下的图论基本定理。

定理 7.1.7（握手定理） 对于任何图 G，其各个顶点的度数之和恒等于图 G 中边数的 2 倍，即

$$\sum_{v \in V(G)} d(v) = 2|E(G)|$$

证明 因每条边关联 2 个顶点，按每个顶点的度数来计算边的话，每条边被计算了 2 次，故等式成立。

在例 7.1.2～7.1.4 给出的图中，统计各图的度数为奇数的顶点数，它们分别都是 4 个。即有偶数个度数为奇数的顶点，这是偶然的吗？我们有如下定理。

定理 7.1.8 对于任何图 G，奇度（度数为奇数）的顶点数目一定是偶数。

证明 若图 G 的顶点数为 n，边数为 m，如果其中有 r 个是偶度数顶点，则图 G 中必有

$n-r$ 个奇度数顶点。因此,有

$$\sum_{i=1}^{n}d(v_i)=\sum_{i=1}^{r}d(v_1)+\sum_{i=r+1}^{n}d(v_i)$$

在这个等式中,左边是偶数,等式右边的第一项也是偶数,因此等式右边的第二项也必定是偶数,而只有 $n-r$ 是偶数时该项才可能是偶数,故定理得证。

7.1.2 子图

定义 7.1.9 给定图 $G=(V,E)$,称图 $H=(V(H),E(H))$ 为图 G 的子图,若 $V(H)$ 和 $E(H)$ 分别是 V 和 E 的子集,且 $e=(v_i,v_j)\in E(H)$ 仅当 $e=(v_i,v_j)\in E$。如果图 H 是 G 的子图且 $V(H)=V$,则称 H 为 G 的**生成子图**。生成子图包含原图的全部顶点。如在图 7.1.12 中,图 G_1 为图 G_2 的子图,图 G_5 为图 G_4 的生成子图,而图 G_3 不是图 G_2 的子图。

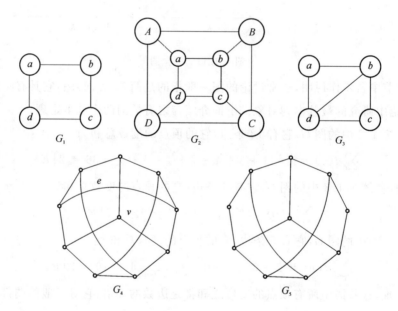

图 7.1.12 图与子图

在图 $G=(V,E)$ 中,任选 V 的一个子集 V',将与 V' 相连的所有边构成 E 的子集 E',则子图 $G'=(V',E')$ 称为 G 的**顶点导出子图**。记为 $G[E']$ 与此类似,如果首先在 E 中选择子集 E',将与 E' 有关的全部顶点记为 V',则图 $G'=(V',E')$ 称为 G 的**边导出子图**。

在上面的图中,图 G_2 是顶点集合 $\{a,b,c,d\}$ 的导出子图,也是边集合 $\{ab,bc,cd,da\}$ 的导出子图。

给定一个简单图 $G=(V,E)$,对应着另一个简单图 $G'=(V,E')$,且在 E 中的边必定不在 E' 中,不在 E 中的边必定在 E' 中。我们称 $G'=(V,E')$ 是 $G=(V,E)$ 的**补图**。一个简单图与其补图有相同的顶点但没有相同的边。

定义 7.1.10 设图 $G'=(V',E')$ 是图 $G=(V,E)$ 的子图,若给定另外一个图 $G''=(V'',E'')$

使得 $E''=E-E'$，且 V'' 中仅包含 E'' 的边所关联的结点，则称 G'' 是子图 G' 的相对于图 G 的补图。

图 7.1.13(a) 是一个简单图，图 7.1.13(b) 是它的补图。图 7.1.14(b) 和 (c) 均是图 7.1.14(a) 的子图且它们互为补图。

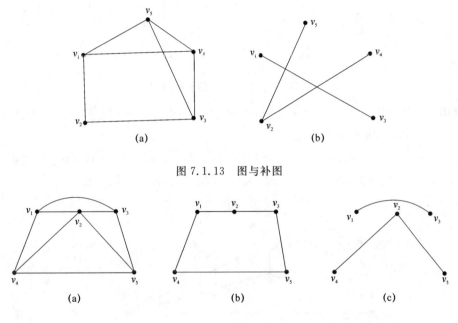

图 7.1.13　图与补图

图 7.1.14　图的子图、补图

7.1.3　路和圈

在图论中，路和圈是研究图的基本性质时的基础概念，下面我们给出它们的定义。

定义 7.1.11　给定图 $G=(V,E)$，G 中一组由有限的顶点和边组成的交替序列 $(v_0,e_1,v_1,e_2,\cdots,v_{(k-1)},e_k,v_k)$ 称为 G 的一条**途径**(walk)，若该序列的开头和结尾均是顶点，且序列中的每一条边 e_i 的前后位置上的顶点就是该边的两个端点。如果途径的起点和终点相同，则称为**闭途径**(closed walk)。如果在一条途径中，所有的**边均是不相同**的(注意顶点可重复出现)，则称此点边交错序列为**迹**或**通路**(trail)。如果迹的头一个顶点与最后一个顶点不相同，则称为**开迹**(open trail)，反之称为**闭迹**(closed trail)。如果在一个迹中，所有的顶点也是不相同的，则称其为**路**(path)。同样也可根据路径的起点和终点是否相同来定义开路和闭路。经常将闭路称为**圈**(cycle)或**回路**，而将开路简称为路。

任何一条路的顶点数 n 等于其路中的边数 m 与 1 之和，且除起始点和末顶点外，每个顶点的度数均为 2。在任意一个圈中，每个顶点的度数均为 2，且其边的数目和顶点数目相等。

在图 7.1.15 中，$W_1=\{v_1,e_2,v_3,e_4,v_4\}$ 和 $W_2=\{v_5,e_6,v_4,e_4,v_3,e_2,v_1,e_8,v_4,e_4,v_3\}$ 均为途径。而 $T_1=\{v_1,e_2,v_3,e_3,v_2\}$ 是开迹，$T_2=\{v_1,e_8,v_4,e_4,v_3,e_2,v_1\}$ 是闭迹。$P_1=\{v_1,e_2,v_3,e_5,v_5\}$ 是开路，$P_2=(v_1,e_8,v_4,e_4,v_3,e_2,v_1)$ 是圈。

显然,路和迹也都是途径,任何路也必定是迹。

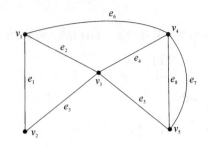

图 7.1.15　途径的例子图

在图 7.1.16 中,$W_1 = \{v_1, e_1, v_2, e_2, v_1, e_6, v_5, e_7, v_3, e_{10}, v_3\}$ 和 $W_2 = \{v_5, e_6, v_1, e_2, v_2,$ $e_4, v_4, e_8, v_3, e_{10}, v_3\}$ 均为开途径。

而 $T_1 = \{v_2, e_1, v_1, e_2, v_2, e_3, v_5\}$ 是开迹,$T_2 = \{v_1, e_9, v_3, e_7, v_5, e_6, v_1\}$ 是闭迹。$P_1 = \{v_1, e_2, v_2, e_3, v_5\}$ 是开路,$P_2 = (v_1, e_6, v_5, e_3, v_2, e_4, v_4, e_8, v_3, e_9, v_1)$ 是圈。

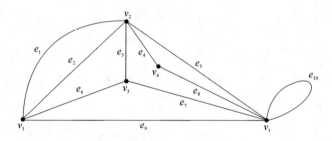

图 7.1.16　圈的例子图

7.1.4　连通性和连通分支

本小节介绍图的连通性的概念,它也是图的基本性质之一,在很多实际应用中要求图是连通的。

定义 7.1.12　给定图 $G = (E, V)$,若存在一条连接顶点 v_i 和 v_j 的路,则称 v_i 和 v_j 是**连通的**。如果图 G 的任意两个顶点之间均是连通的,则称 G 是一个**连通图**;反之,则称 G 是**非连通图**。

非连通图又称为分离图。不止一个顶点的空图也是一个非连通图。一个非连通图的子图可能是连通的。一个非连通图 G 是由至少两个极大连通图构成的。极大连通子图是一个连通的,但往里面添加一个点或一条边就不再连通的子图。

非连通图 G 的每个极大连通子图称为 G 的一个**连通分支**(或简称为**分支**)。图 G 的分支的个数记为 $R(G)$。

图 G 的一个孤立顶点也是一个分支,一个连通图的分支就是其本身。

图 7.1.17 所示就是一个非连通图,它有 2 个连通分支。

下面介绍一个有关非连通图的分支、顶点和边数之间应满足的关系的定理。

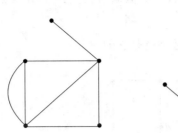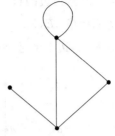

图 7.1.17 非连通图

定理 7.1.13 一个具有 n 个顶点和 c 个分支的简单图 G，其包含的最大可能的边数为：$(n-c)(n-c+1)/2$。

证明思路 找出具有最大可能边数时，各个分支的顶点的数量。

证明 分两步进行。

(1) 若 $c=1$，则图 G 是连通图。由于一个简单连通图的任意一个顶点的度数 $d(v_k)$ 最多为 $(n-1)$，则全部顶点度数之和最大为 $n(n-1)$，每一条边贡献给顶点的度数都为 2，故简单连通图的最大可能边数必定为 $(n-1)n/2$，定理得证。

(2) 若 $c \neq 1$，设 G 含有 c 个分支、n 个顶点。设 c 个分支中顶点数最多的分支为 C_i，相应的顶点数为 n_i。显然，该分支所包含有的最大可能边数为 $n_i(n_i-1)/2$。

任选另一个分支 C_j（$j \neq i, n_j \leqslant n_i$），则此分支最大可能的边数也应为 $n_j(n_j-1)/2$。由此可知，分支 C_i 和 C_j 所拥有的最大可能边数为

$$n_i(n_i-1)/2 + n_j(n_j-1)/2$$

如果我们把分支 C_j 中的一个顶点移到分支 C_i 中，得到两个新的分支 $C*_i$ 和 $C*_j$，则此时两个分支所拥有的最大可能边数为

$$n_i(n_i+1)/2 + (n_j-1)(n_j-2)/2$$

将这两种情况下获得的最大可能边数相减得

$(n_i(n_i+1)/2 + (n_j-1)(n_j-2)/2) - (n_i(n_i-1)/2 + n_j(n_j-1)/2) = n_i - n_j + 1 \geqslant 1$

由此可知，进行移动后的两个分支的边数总和更多，这就是说，应该把 C_j 中的顶点尽可能地移到 C_i 中以获得更多的边。但 C_j 中至少应保留一个顶点，否则图 G 的分支总数 c 将会变化。

依此类推，可以导出具有 c 个分支，n 个顶点的简单图要获得最大可能边数，其形式必定为：$c-1$ 个孤立顶点和一个包含有 $n-c+1$ 个顶点的连通分支。显然，这时图 G 的最大可能边数为 $(n-c)(n-c+1)/2$。定理证毕。

由以上结果容易知道，如果一个有 n 个顶点的简单图包含的边数大于 $(n-1)(n-2)/2$，则 G 一定是连通图。

最后，我们给出赋权图的概念。

定义 7.1.14 图 $G=(V,E)$ 称为一个（边）赋权图，若存在一个边集 E 到实数集 R 的映

射 $w:e \in E \rightarrow w(e) \in R$，$w(e)$ 称为边的权。类似地，我们也可以定义点赋权图。一般把边赋权图简称为赋权图，记为 $G=(V,E,w)$。

赋权图如图 7.1.18 所示，边上的数字就是它的权。

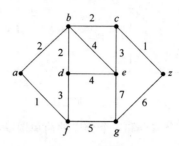

图 7.1.18　赋权图

习　　题

1. 画出所有最多 8 个顶点的 3-正则图。

2. 写出下面的图的顶点集和边集。

3. 分别计算下面两个图的各顶点的度。

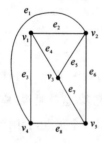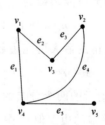

4. 完全图 K_n 有几条边？$K_{m,n}$ 有几条边？

5. 设 G 是有 n 个顶点 m 条边的简单图，证明：若 $m>n$，则 G 一定含有圈。

6. 证明：不存在 5 个顶点的简单图，使得其顶点的度分别为 $4,4,4,2,2$。

7. 设 G 是有 n 个顶点 m 条边的简单图，证明：$m \leqslant n(n-1)/2$。

8. 设 G 是有 n 个顶点 m 条边的简单图，G 有多少个点导出子图，有多少个边导出子图？

9. 设简单正则图 G 有 n 个顶点，24 条边，试求 n 的所有可能的取值。

10. 画出有 6 个顶点的图，使得其各个顶点的度分别为 $5,5,5,5,3,3$。是否存在具有这些度的简单图呢？如果度是 $5,5,4,3,3,2$，结论如何？

11. 令 G 是有至少 2 个顶点的简单图,证明:G 中一定存在两个顶点,其度相等。

12. 试求下图的所有可能的子图。这些子图中,哪些是生成子图?

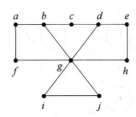

13. 证明:若 G 是一个有 n 个顶点的二部图,则 G 最多有 $\dfrac{n^2}{4}$ 条边。

14. 下面的图有几个分支?

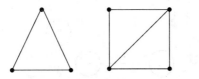

15. 简单图 G 是一个有 k 个分支的顶点数为 n 的图,G 最少有多少条边,最多有多少条边?

16. 画出下面两个图的补图。

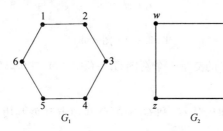

17. 在图 G 中任意取定两点 u,v,请证明:若 G 中存在一条由 u 到 v 的途径,则一定存在一条 u 到 v 的路。

18. 在皮特森图(见 7.1.1 小节)中寻找:

(1) 长度为 5 的途径;

(2) 长度为 9 的路;

(3) 长度分别为 5,6,8,9 的圈。

7.2 图的运算

图由顶点集和边集两个集合构成。采用集合运算作为图运算的数学基础是十分自然的。下面我们来讨论图的运算。

定义 7.2.1 设有图 $G_1 = (V_1, E_1)$ 和图 $G_2 = (V_2, E_2)$。

1. 并运算:图 G_1 和图 G_2 的**并**是一个新图 $G_3 = (V_3, E_3)$,其中,$V_3 = V_1 \bigcup V_2$,$E_3 = E_1 \bigcup E_2$,记为 $G_3 = G_1 \bigcup G_2$。

例如,给定图 G_1 和 G_2 如图 7.2.1 所示。

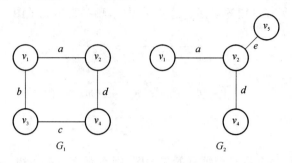

图 7.2.1 两个图

则图 G_1 和 G_2 的并如图 7.2.2 所示。

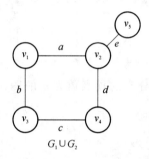

图 7.2.2 图的并

2. 交运算:图 G_1 和图 G_2 的**交**是一个新图 $G_3 = (V_3, E_3)$,其中,$V_3 = V_1 \bigcap V_2$,$E_3 = E_1 \bigcap E_2$,记为 $G_3 = G_1 \bigcap G_2$。

由定义知,G_3 中的顶点和边是 G_1 和 G_2 中的公共顶点和公共边。

图 7.2.1 中的图 G_1 和图 G_2 的交如图 7.2.3 所示。

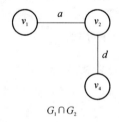

图 7.2.3 图的交

3. 环和运算:图 G_1 和图 G_2 的**环和**是一个新图 $G_3 = (V_3, E_3)$,其中,$V_3 = V_1 \bigcup V_2$,$E_3 = E_1 \oplus E_2 = E_1 \bigcup E_2 - E_1 \bigcap E_2$,即 E_3 是由 G_1 和 G_2 中所有的边除去 G_1 和 G_2 中的公共边后组成的边集合,记为 $G_3 = G_1 \oplus G_2$。

图 7.2.1 中的图 G_1 和图 G_2 的环和如图 7.2.4 所示。

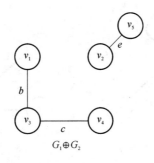

图 7.2.4　图的环和

4. **差运算**：图 G_1 和图 G_2 的**差**是一个新图 $G_3 = (V_3, E_3)$，其中，$V_3 = V_1$，$E_3 = E_1 - E_2$，即 G_3 由在 G_1 中而不在 G_2 中的所有边组成，且包含有 G_1 的全部顶点，记为 $G_3 = G_1 - G_2$。

图 7.2.1 中的两个图 G_1 和 G_2 的差如图 7.2.6 所示。

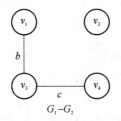

图 7.2.5　图的差示例一

显然，$G_1 - G_2$ 一般不等于 $G_2 - G_1$。若 G_2 是 G_1 的子图，则 $G_1 - G_2 = G_1 \oplus G_2$。设 $U \subseteq V$，定义 $G - U$ 导出子图 $G(V \backslash U) = (V \backslash U, E')$，若 $U \subseteq E$，则定义 $G - U = (V, E \backslash U)$，特别地 $U = \{v\}$ 时记 $G - U$ 为 $G - V$，$U = \{e\}$ 时，记 $G - V = G - e$，一个相应的例子如图 7.2.6 所示。

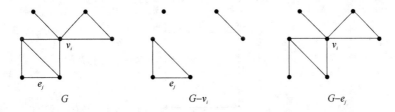

图 7.2.6　图的差示例二

5. **顶点收（压）缩**：图 G 中任意两个顶点 v_i 和 v_j 的**收缩**是指去掉这两个顶点而代之一个新的顶点 v_k，且保证原来与顶点 v_i 和 v_j 相关联的所有边均与顶点 v_k 相连，原来连在 v_i 和 v_j 之间的边则变为自环连接于 v_k。

显然，两个顶点收缩后的新图的顶点数比原图少 1，但边的总数不变。图 7.2.1 中 G_1 将 v_1 和 v_2 压缩后形成的新图如图 7.2.7 所示。

6. **边收（压）缩**：图 G 中任意一条边 e 的收缩（或压缩）是指先去掉该边，然后把该边的两个端点合并成一个新顶点，且原来与 e 的两个顶点相连的所有边均要与这个新的顶点相连。

收缩一条边后所得新图的顶点数和边数均比原图少 1。图 7.2.1 中 G_1 的边 a 被收缩后所得的新图如图 7.2.8 所示。

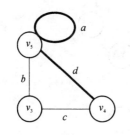

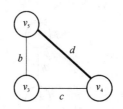

图 7.2.7 图的顶点收缩   图 7.2.8 图的边收缩

习　　题

1. 画出图 G_1 与图 G_2 的并、交、G_1-1、G_1-23。

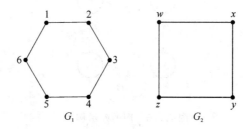

2. 分别画出下图中收缩点 a,b 和收缩边 5 后的图。

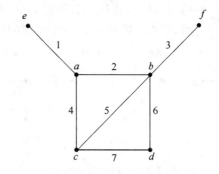

7.3　割点与割集

7.3.1　割点与可分图

定义 7.3.1　设 v_i 是图 G 的一个顶点,如果图 $G-v_i$ 的分支数大于图 G 的分支数,则称 v_i 为图 G 的一个**割点**。不包含割点的连通图 G 称为**不可分图**或**块**,反之则称为**可分图**。

若 G 是一个连通图,v_i 是 G 的割点,则 $G-v_i$ 是一个非连通图。若 G 是一个非连通图,则 $G-v_i$ 所有的分支数至少比原图 G 的分支数多 1。

一个图如果只由一个顶点构成,称其为平凡图(Trivial Graph)。一个可分的连通图至少包含一个割点,但是,它最多能包含多少个割点呢?下面的定理回答了这个问题。

定理7.3.2 每一个顶点数至少为2的非空连通图包含至少两个非割点的顶点。

证明思路 对于顶点 n 用数学归纳法。只要证 $G-v$ 的每一个分支都含有一个非割点即可。

证明 根据图的顶点数用归纳法来证明。

当 $n=2$ 时,这两个顶点均不是割点,定理成立。

下面假设图 G 有 $n-1$ 个顶点时,定理成立。我们证明当 G 有 n 个顶点时定理亦成立。

设顶点 v 是 G 的一个割点,且 $G-v$ 可形成 k 个分支,G_i 为其中的一个分支。若 G_i 为平凡图,则 v_i 必定是一个非割点,定理成立。若 G_i 为非平凡图,由于 G_i 的顶点数小于 n,则由归纳假设,G_i 中至少包含两个非割点 v_1 和 v_2。

现在,问题的关键在于 v_1 和 v_2 中是否至少有一个也是原图 G 的非割点。下面分两种情况讨论:

(1) 若 v_1 和 v_2 中至少有一个顶点不与顶点 v 有边相连,这时,此点在图 G_i 中的地位(即是否为割点的属性)与在原图 G 中的地位相同,从而它也是图 G 的一个非割点。

(2) 若 v_1 和 v_2 与顶点 v 有边相连,则 $G-v_1$ 或 $G-v_2$ 仍是一个连通图,因为 v_1 或 v_2 去掉后,图 G_i 仍可以通过与 v_2(或 v_1)和 v 相连,因而也就和 $G-v$ 的其余分支相连。因此,v_1(或 v_2)均不可能是图 G 的割点。从而,$G-v$ 的每一个分支中均至少包含原图 G 的一个非割点,而 $G-v$ 至少有两个分支,所以图 G 至少包含两个非割点,定理证毕。

若两个图彼此分离,没有公共顶点,则称这两个图为**不相接**的。一个非连通图是一些不相接子图的并。

注意前面定义的二分图与可分图不是一回事,一个图是否是二分图与是否存在割点无直接关系。对于二分图,有如下性质。

定理7.3.3 图 G 是二部图当且仅当 G 是非空图,它不含圈或每个圈的长度均为偶数。

证明 **必要性**,(已知 G 是二部图)。由于二部图的节点集 V 总可以分成不相交的两个子集 V_1 和 V_2,如果圈存在,从任意一个集合的某点出发的圈要回到起点,故必然要经过偶数条边。

充分性 (思路:将顶点划分为两个集合。)假设 G 是连通图,其圈的长度为偶数(不含自环)。设 v_i 为图 G 中的一个顶点,V_2 是含顶点 v_i 以及所有到 v_i 的最短路径长度为偶数的顶点的集合。又设 $V_1=V-V_2$,则对于 V_1 中的所有顶点都具有该点到顶点 v_i 的路的长度必定为奇数。于是 G 中的每条边 (v_x, v_y) 都必定满足 $v_x \in V_1, v_y \in V_2$ 或 $v_x \in V_2, v_y \in V_1$,从而 G 是二部图。如若不然,设 v_x 和 v_y 都在 V_1 中,则从 v_x 出发,到集合 V_2 中的某点 v_k 的最短路 $v_x P v_k$ 的长度必定为奇数,而从 v_k 出发到 v_y 结束的最短路的长度也为奇数,这两条最短路之和再加上一条 v_x 到 v_y 间的边就会构成一条长度为奇数的回路,这与定理中的假设是矛盾的。因此,v_x 和 v_y 不可能都在 V_1 中,同理可证这两点也不会都在 V_2 中,定理充分性得证。

综上,定理得证。

7.3.2 割和割集

定义7.3.4 给定连通图 $G=(V,E)$,V_1 和 V_2 为 V 的两个子集,且 $V_1 \bigcup V_2 = V, V_1 \bigcap$

$V_2=\Phi$,则图 G 中一个端点在 V_1 内而另一个端点在 V_2 内的全部边所组成的集合 S 就称为图 G 的一个**割**,记为 $S=S(V_1;V_2)$。例如,在图 7.3.1 中,$S_1=(\{1,2,4\};\{3,5,6,7\})=\{e_3,e_2,e_5,e_6,e_8\}$ 和 $S_2=(\{1,2,7\};\{3,4,5,6\})=\{e_2,e_3,e_4,e_6,e_8,e_{10}\}$ 都是 G 的割。

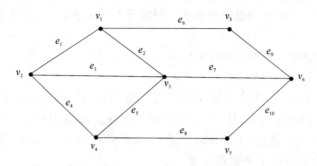

图 7.3.1　图的割的例子

若差图 $G-C$ 是非连通的,则连通图 G 的一组边集 C 称为 G 的**边割**。若 C 是边割但 C 中去掉任何边后不再是边割,则称 C 为 G 的**割集**(**极小边割**)。换言之,G 中去掉 C 中的边后,图不再是连通的,且 C 是这种去边使得 G 不连通的极小边集。

例如,在图 7.3.1 中,$C_1=\{e_6,e_7,e_8\}$ 是一割集,$C_2=\{e_4,e_5,e_{10}\}$ 是另一个割集。但 $C_3=\{e_1,e_2\}$ 不是割集,因为从 G 中去掉边 e_1 和 e_2 后所得图形仍然是连通的。同时,$C_4=\{e_1,e_3,e_4,e_5\}$ 是边割但不是割集,因为去掉 e_1,e_3,e_4 三条边后,原图 G 已不连通,C_4 不是一组满足要求的最小边集,即不是割集。

如果 C 是 G 的一个割集,$R(G)$ 表示 G 的分支数,则 $R(G)-R(G-C)\geqslant 1$。实际上,$R(G)-R(G-C)$ 必定等于 1,这个隐含条件可由 C 是一个极小边集导出,其证明读者可自行进行。下面简述几个有关割和割集相互联系的定理。

定理 7.3.5　如果连通图 G 的割 S 的两个顶点集 V_1 和 V_2 的顶点导出子图是连通的,那么,割 $S(V_1,V_2)$ 也是图 G 的一个割集。

证明　由于割 S 的每条边的一个端点在 V_1 中,另一个端点在 V_2 中,故去掉 S 所属的边后,图 G 必定是不连通的。由于 V_1 和 V_2 的顶点导出子图均是连通的,故 $G-S$ 本身由两个分支构成,S 中的边实际上就是使 G 变为非连通所需的一组极小边集。定理证毕。

定理 7.3.6　一个连通图 G 的任何一个割总是该图 G 的某些无公共边的割集的环和。

证明　若 G 的一个割 S 的顶点集为 V_1 和 V_2,由 V_1 和 V_2 分别作 G 的顶点导出子图 G_1 和 G_2。如果 G_1 和 G_2 是连通图,则 S 也是 G 的一个割集,定理成立。如果 G_1 或 G_2 是非连通图,不妨设 G_1 和 G_2 是不连通的,则它们分别由 K_1 和 K_2 个分支组成。

对 G_1 中的任一分支 G_{1i},连接它与图 G 的其余部分的全部边集就是 G 的一个割集 C_{1i},它必定是 S 的一个子集。同理,对 G_1 的另一个分支 G_{1j} 也可得到另一个割集 C_{1j},C_{1i} 和 C_{1j} 不可能完全相同。因此,割集 $C_{11},C_{12},\cdots,C_{1k1}$ 的环和必定是割 S。依此类推,也可导出 $C_{21},C_{22},\cdots,C_{2k2}$ 的环和也是割 S。定理证毕。

定理 7.3.7　如果 C 是连通图 G 的一个割集,V_1 和 V_2 是 $G-C$ 的两个分支分别对应的顶点集。那么,C 也是图 G 的一个割,$C=S(V_1;V_2)$。

证明　由割的定义即可证明,一个连通图的任何一个割集总是该图的一个割。

定理 7.3.8　在连通图 $G(V,E)$ 中,当且仅当 G 中的某顶点 v 不是割顶点时,与顶点 v

相关联的所有边集才是图 G 的一个割集。

证明 在一个连通图中，连通任意一个顶点 v 的所有边集必定是 G 的割 $S(v;V-v)$，如果 v 不是割顶点，则移去割 S 的所有边后剩下图 G 的部分必由两个分支组成，即一个分支是孤立顶点 v，另一个分支是由剩下的全部顶点导出的子图，割 S 也就是 G 的一个割集。如果 v 是割顶点，则移去与 v 关联的所有边后，图 G 将变成至少由三个分支组成（其中一个是孤立顶点 v）。显然，此时的 S 不是图 G 的割集。定理证毕。

定理 7.3.9 一个连通图的任意一个圈和割集之间总是有偶数（包括零）条公共边。

证明 设 B 和 C 分别表示连通图 G 的一个圈和割集，且 V_1 和 V_2 是 $G-C$ 的两个子图 G_1 和 G_2 的顶点集。如果圈 B 是 G_1 或 G_2 的一个子图，那么，B 和 C 之间就没有公共边，定理成立。如果不是这样，设 v_1 为圈 B 在子图 G_1 中的某顶点，沿着圈的方向前进，必然会有一条边到达子图 G_2 中的某顶点 P，由于 v_1 也是圈的终点，故圈通过点 P 之后，必然会找到另一条边使其顶点又回到子图 G_1，这样的一个来回就表明圈和割集中有两条公共边。圈可能还未回到起点，上述现象可能重复出现，但直到圈最终回到 v_i 点时也只能是在 B 和 G 之间有偶数条公共边。定理证毕。

习 题

1. 在皮特森图（见 7.1.1 小节）中寻找边数为 $3,4,5$ 的割。

2. 找出下述图中的割集，哪些是可分图？

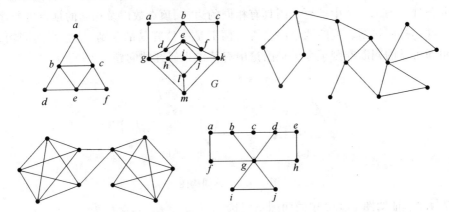

3. 设 G 是一个不可分图，证明：G 中任何一个顶点 v，都存在某圈 C 经过 v。

4. 设 G 是一个不含任何圈的连通图，证明：G 的任何一条边都是割集。

5. 设 G 是一个连通图，则 G 能表示成一些不可分图的并。

6. 证明设 v 是 G 的割点，则 v 在 G 的补图中不是割点。

7.4 同 构

在 7.1 节图的表示的时候，我们提到一个图有很多种不同的画法，那么如何来判别两个不同的图实质上是来自于同一个图呢？如图 7.4.1 所示，图(a)和图(b)是同一个图吗？图(c)和图(d)是同一个图吗？图(e)和图(f)呢？

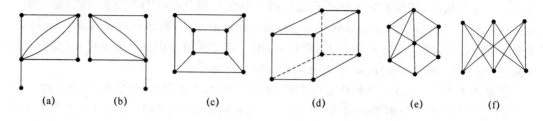

图 7.4.1　同构图

　　显然，把图(a)翻转就得到图(b)，所以它们刻画的是同一个图。对图(c)和图(d)，假设图的边是有弹性的，则把图(c)里面的长方形往外拉就可以得到图(d)，因而也是相同的。那么图(e)和图(f)呢？不管我们怎么变换，图(e)总也变不成图(f)，容易看到图(e)有度为 4 的点，而图(f)没有，因而它们不是同一个图。由上面的分析知，如果图 G_1 和图 G_2，它们的顶点和边的关联方面存在一一对应关系，那么这两个图就应该是相同的，我们把这样的两个图称为**同构图**或称它们是同构的。图 7.4.1 所示的图(a)和图(b)是同构的，图(c)和图(d)也是同构的，但图(e)和图(f)不同构。下面给出两图同构的严格定义。

　　定义 7.4.1　如果存在 V_1 到 V_2 的一一对应 f 和 E_1 到 E_2 的一一对应 g，使得 e_1 是 G_1 的端点为 v_1v_2 的边，当且仅当 e_1 的像 $g(e_1)$ 是 G_2 的边，且端点为 $f(v_1)f(v_2)$，那么称图 $G_1 = (V_1, E_1)$ 同构于图 $G_2 = (V_2, E_2)$。

　　两个图同构，它们必定具有相同的边数和顶点数、相同的顶点度数序列，这是必要条件但非充分条件。图 7.4.2 中的两个图具有相同的边数、顶点数以及相同的顶点度数序列，但这两个图并不是同构图。判断两个图是否同构不是一件容易的事情，检验图的同构特性并提出简明和可靠的判断准则至今仍是图论中有待深入研究的问题。

图 7.4.2　不同构图

　　例 7.4.2　证明图 7.4.3 中的两图不同构。

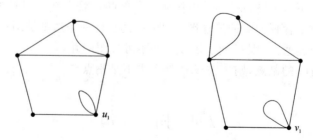

图 7.4.3　例 7.4.2 的图示

证明 u_1 的两个邻接点与 v_1 的两个邻接点状况不同,所以两图不同构。

例 7.4.3 证明图 7.4.4 中的两图同构。

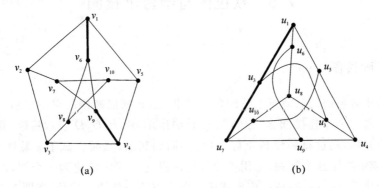

(a)   (b)

图 7.4.4 例 7.4.3 的图示

证明 作映射

$$f:v_i \leftrightarrow u_i \quad (i=1,2,\cdots,10)$$

容易证明,对 $\forall v_i v_j \in E((a))$,有

$$f(v_i v_j,),=,u_i,u_j,\in,E((b)) \quad (1\leqslant i \leqslant 10,1\leqslant j \leqslant 10)$$

由图的同构定义知,图(a)与(b)是同构的。

习　题

1. 找出 4 个顶点的全部非同构图。

2. 设 G_1 和 G_2 是两个简单图,证明:G_1 和 G_2 是同构的,当且仅当它们的补图 G_1' 和 G_2' 也是同构的。

3. 试说明下面两个图不同构。

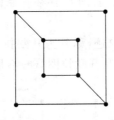 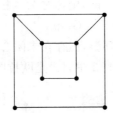

4. 下面两个图同构吗?

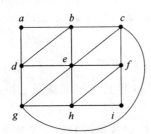 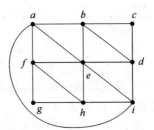

7.5 欧拉图与哈密尔顿圈

7.5.1 欧拉图

图论起源于著名的柯尼斯堡七桥问题。18 世纪,在柯尼斯堡的普莱格尔河上有七座桥将河中的岛及岛与河岸连接起来,如图 7.5.1(a)所示,A,B,C,D 表示陆地,要从这四块陆地中任何一块开始,通过每一座桥正好一次,再回到起点,然而尝试了无数次都没有成功。欧拉在 1736 年解决了这个问题,他用抽象分析法将这个问题转化为一个图,即把每一块陆地用一个点来代替,将每一座桥用连接相应的两个点的一条线来代替,如图 7.5.1(b)所示。

欧拉证明了这个问题没有解,并且推广了这个问题,给出了对于一个给定的图可以按某种方式走遍(即一笔画)的判定法则。这项工作使欧拉成为图论(及拓扑学)的创始人。

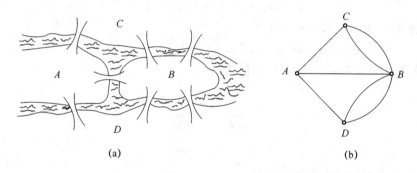

(a)   (b)

图 7.5.1   欧拉图

定义 7.5.1   如果连通图 G 的迹包含图 G 中所有的边,那么其中任意一条这样的 T 都称为欧拉迹。

若这条欧拉迹是闭合的,则称之为**欧拉环游**。若图 G 存在一条欧拉环游,则称图 G 是**欧拉的**或是**欧拉图**(Eulerian Graph)。

有的图不存在欧拉环游,但存在未闭合的欧拉迹,称其为开欧拉迹,包含开欧拉迹的图称为开欧拉图。在图 7.5.2 中,(a)是欧拉图,(b)是开欧拉图,(c)不是欧拉图。

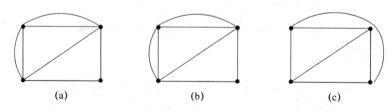

(a)   (b)   (c)

图 7.5.2   欧拉图与非欧拉图

如何判断一个图是否是欧拉图呢? 欧拉在 1736 年关于柯尼斯堡七桥问题的论文给出了判断法则,用图论的语言描述如下。

定理 7.5.2   图 G 是一个欧拉图当且仅当图 G 是连通图且以下条件之一成立。

（1）图 G 中的每个顶点度数均为偶数；

（2）图 G 是由一些边不相交的圈的并集构成。

证明思路　欧拉图$\Rightarrow$（1）$\Rightarrow$（2）$\Rightarrow$欧拉图。

证明　若图 G 是欧拉图，则可找出它的一条包含图 G 中所有边的闭迹 T。任选其中一个顶点 u 为闭迹的起点，沿着该迹的方向前进将通过图 G 的全部顶点，每通过某顶点 $v \neq u$ 一次，该顶点度数增加 2，当遍历所有边结束时，若通过点 v 共 k 次，则 v 的度为 $2k$，是偶数。起点 u 出发时增加度数 1，中间若通过 s 次，将贡献度 $2s$，而结束时 u 又增加度 1，故总的度数为 $2s+2$，也是偶数。因此，欧拉图的每个顶点度数均为偶数。

若图 G 是连通图且图 G 中每个顶点度数均为偶数，图 G 不包含悬挂点。令 $W = v_0 e_1 v_1 \cdots e_n v_n$ 是图 G 中的一条最长的迹，其中 $e_i = v_{i-1} v_i$。于是对所有形如 $e = v_n w \in E(G)$ 的边都在迹 W 上，否则 $We = v_0 e_1 v_1 \ldots e_n v_n ew$ 是一条更长的迹，与 W 的选取矛盾。特别地，有 $v_0 = v_n$，即 W 是一条闭迹。如若不然，$v_0 \neq v_n$，设 v_n 在迹 W 中出现 k 次，则 $d(v_n) = 2(k-1) + 1 = 2k-1$ 是奇数，与每个顶点的度为偶数相矛盾。

下面证明 W 是欧拉环游，即它包含图 G 中所有的边。如若不然，存在某 v_i，使得边 $f = v_i w \in E(G)$ 不在 W 上。则将 W 从 v_i 截开，将前一段迹 $v_0 e_1 v_1 \cdots e_i v_i$ 放到后面再加上边 f 得新的迹 $W^* = v_i e_{i+1} \ldots e_n v_n e_1 v_1 \cdots e_i v_i f w$（因 $v_0 = v_n$）。它是一条长度大于 W 的迹，与 W 是最长的迹矛盾。故图 G 是欧拉图。定理得证。

7.5.2　哈密顿图

一个连通图 G 的欧拉圈是指通过该图全部边的闭迹。下面的问题与此类似：通过某图全部顶点（不重复）的圈存在与否。这起源于 1859 年英国数学家哈密顿提出的一个"周游世界"的游戏。它用一个正 12 面体（图 7.5.3）的 20 个顶点代表全世界的 20 个大城市，要求沿着棱，从一个城市出发，不重复地经过每个城市并回到原出发点，这就是曾经风靡一时的哈密顿圈问题。

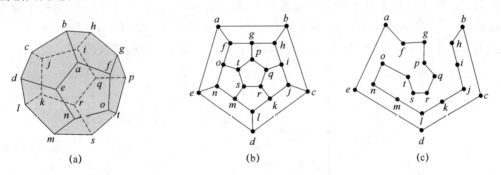

图 7.5.3　正 12 面体及哈密顿图

定义 7.5.3　如果图 G 的路包含图 G 的全部顶点，那么其中任意一条这样的路 P 都称为哈密顿路。如果图 G 的圈包含图 G 的全部顶点，那么图 G 的任意一条这样的圈 C 都称为哈密顿圈或哈密顿回路。包含哈密顿回路作为子图的图（顶点数相同）称为**哈密顿图**（Hamiltonian Graph）。

去掉哈密顿回路的一条边就得到哈密顿路。故每个哈密顿回路都包含哈密顿路，但有哈密顿路并不意味着有哈密顿回路。如图 7.5.4 所示，图 G_2 中存在哈密顿路 $b->a->c->vd$，但该图不存在哈密顿回路。容易看到，在图 7.5.4 中图 G_1 不是哈密顿图，图 G_3 是哈密顿图。

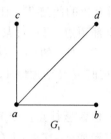 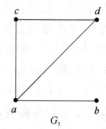 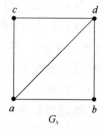

图 7.5.4 哈密顿图与否的例子

为了找出图 7.5.3(a)所示的哈密顿回路，首先作出该图的同构图，如图 7.5.3(b)所示。图 7.5.3(c)是所要求的一个哈密顿回路。哈密顿圈也称为 H-圈或 H-回路。一个图的 H-回路的选择可能有多种形式。研究一个图形是否存在 H-回路的充要条件是图论中的一个难题。近 100 多年来，无数学者致力于这一问题的研究，并取得了很大进展，但至今还没有找到哈密顿回路存在的充分必要条件。下面我们给出几个充分条件，证明略。

定理 7.5.4 （Dirac 1952）设图 G 是一个有 $n(\geqslant 3)$ 个顶点的简单图，若对每个顶点 v，其度 $d(v)\geqslant n/2$，则图 G 是哈密顿图。

定理 7.5.5 （Ore 1962）设图 G 是一个有 $n(\geqslant 3)$ 个顶点的简单图，若对每个不相邻的顶点 v,u，其度和 $d(v)+d(u)\geqslant n$，则图 G 是哈密顿图。

例 7.5.6 对任意的 $n(\geqslant 3)$，完全图 K_n 是哈密顿图。

证明 因 $d(v)=n-1\geqslant n/2$ 当 $n\geqslant 3$ 时对所有的顶点 v 成立，故由定理 7.5.4 立明。

例 7.5.7 对任意的 $m,n(\geqslant 2)$，完全二部图 $K_{m,n}$ 是哈密顿图当且仅当 $m=n$。

证明 设完全二部图 $K_{m,n}$ 的顶点集的两部分分别为 X,Y，$|X|=m$，$|Y|=n$。若 $K_{m,n}$ 存在 H-圈，则此圈上 X 和 Y 中的点交替出现，故必有 $m=n$。反之，若 $m=n$，则每个顶点 v 的度 $d(v)=n$，若 u,v 不相邻，有 $d(u)+d(v)=2n$，由定理 7.5.2，存在 H-圈。

例 7.5.8 图 7.5.5 中的两个图哪个是哈密顿图？哪个是非哈密顿图？

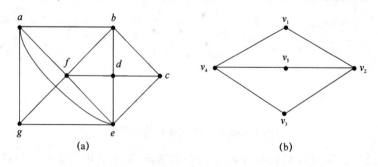

图 7.5.5 例 7.5.8 的图示

解 $a-b-f-d-c-e-g-a$ 是图(a)中的一个 H-圈，故它是哈密顿的。在图(b)中哈密顿圈上的每个顶点关联两条边，若存在哈密顿圈，则与 v_1,v_5,v_3 关联的两条边都必须在此圈上，但此时 v_2 关联了 3 条边，二者相互矛盾。故不存在哈密顿圈。

习　　题

1. 在皮特森图(见 7.1.1 小节)中寻找最长圈,它是哈密顿圈吗?

2. 对于哪些 n 和 m 值, K_n、$K_{n,n}$ 和 $K_{m,n}$ 是欧拉图? 是哈密顿图?

3. 在 K_9 中找出 4 个哈密顿圈,使得其中任何两个哈密顿圈都不具有公共边。

4. 找出 4 个顶点的所有简单欧拉图和哈密顿图。

5. 下面的两个图是欧拉图吗? 是哈密顿图吗?

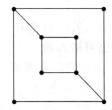 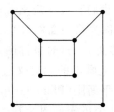

6. 下图中哪些是欧拉图,哪些是哈密顿图?

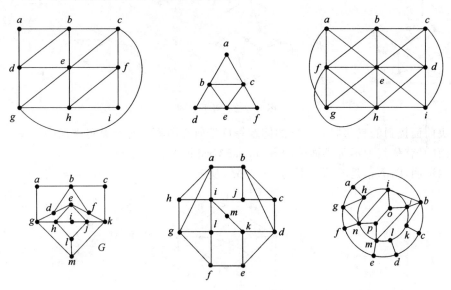

7.6　平面图

考虑如下的问题:有三位邻居使用同样的供水站、供气站和供电站。不幸的是他们彼此厌恶,为了避免见面,他们希望找到各自的家到三个站的彼此不交的道路,问他们能做到吗?

很显然,这个问题可以抽象为一个图论问题,图 7.6.1 是其刻画,上层的每一顶点代表邻居,下层的顶点分别表示供水站、供气站和供电站,上层每一顶点均与下层的每一顶点连边。同一层之间的顶点没有边相连,实际上它是一个完全二分图 $K_{3,3}$。

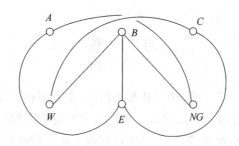

图 7.6.1 $K_{3,3}$

于是上述问题就等价于是否可以把一个完全二分图 $K_{3,3}$ 画在平面上,使得其任何两条边除端点外均不相交。于是我们有以下定义。

定义 7.6.1 图 G 称为**可平面图**(Planar Graph),若图 G 能在平面上被划出,并且任何两条边都不相交(除端点外)。这时也称图 G 是**平面可嵌入**的。

可平面图 G 在平面上画出的无交叉边的图示称为它的**平面嵌入**。可平面图的任何一个平面嵌入都称为一个**平面图**(Plane Graph)。

例如,图 7.6.2 是几个可平面图及其平面嵌入。

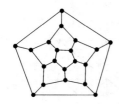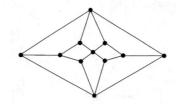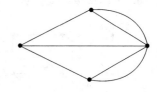

图 7.6.2 可平面图

解决前面提到的三邻居和三站的问题等价于研究图 $K_{3,3}$ 是否是可平面图。一个图若不是可平面的,就称其为**不可平面图**(Nonplanar Graph)

可以证明,图 $K_{3,3}$ 是不可平面的,图 7.6.3 呢?

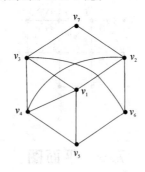

图 7.6.3 是否可平面图的例子

根据定义,很容易得到下述定理。

定理 7.6.2 若图 G 是可平面图,则图 G 的任何子图也是可平面图。

定理 7.6.3 若图 G 是不可平面图,则图 G 的任何母图也是不可平面图。

定理 7.6.4 若图 G 是可平面图,则图 G 中添加可重边或自环后的图也是可平面图。

由以上定义和定理易知,完全图 K_n 当 $n \leqslant 4$ 时都是可平面图,$K_{1,n}$ 和 $K_{2,n}$ 都是可平面图。

定义 7.6.5 设图 G 是平面图,图 G 的边将平面划分成若干互不重叠的区域,这些区域称为图 G 的**面**,其中面积无限的面称为无限面或外部面,面积有限的面称为有限面或内部面。包围一个面的所有边称为该面的边界。一个面的边界的边数称为该面的度数,其中割边按两次计算,面 f 的度数记为 $\deg(f)$。

图 7.6.4 有 6 个面,分别用 R_1 到 R_6 表示,其中 R_6 是无限面,它的度数为 $\deg(R_6)=14$。

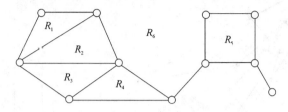

图 7.6.4   平面图

定理 7.6.6 在平面图 G 中所有面的度数之和等于图 G 的边数的两倍,即

$$\sum_i \deg(f_i) = 2|E|$$

证明与定理 7.1.2 类似,从略。

下面我们来讨论平面图的顶点数、边数和面数之间的关系。欧拉公式完整地刻画了这个关系。1750 年 11 月 14 日欧拉写给哥德巴赫的一封信给出了多面体的顶点数、边数和面数之间的关系,后来人们以欧拉的名字命名这个关系。

不严格地说,一个多面体是三维空间中的立体图形,它的边界由平面多边形构成,这些平面多边形称为多面体的面,如图 7.6.5 所示。

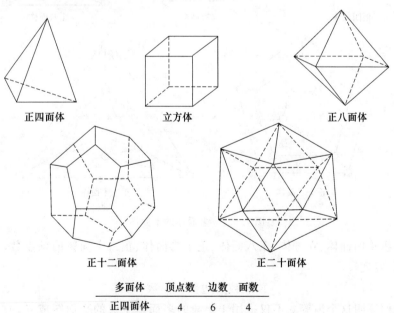

正四面体   立方体   正八面体

正十二面体   正二十面体

多面体	顶点数	边数	面数
正四面体	4	6	4
立方体	8	12	6
正八面体	6	12	8
正十二面体	20	30	12
正二十面体	12	30	20

图 7.6.5   多面体的顶点数、边数和面数

在三维空间中适当地给定一个点、一个多面体和一个平面,从指定的点出发,每一个多面体都能被投影到这个平面上,产生的平面图形就表示了这个多面体的平面图,即多面体是可平面的,如图 7.6.6 所示。

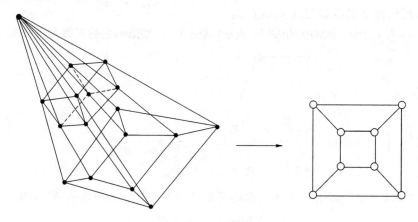

图 7.6.6　多面体投影

图 7.6.7 是另几个多面体的平面图。

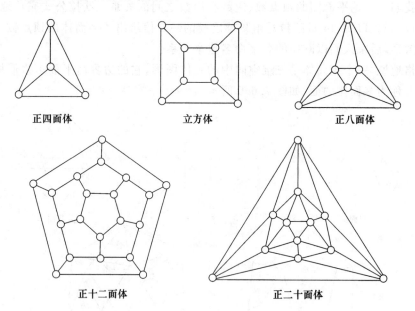

正四面体　　　　　　　立方体　　　　　　　正八面体

正十二面体　　　　　　　　正二十面体

图 7.6.7　多面体的平面图

通过分析正四面体、立方体、正八面体、正十二面体、正二十面体的顶点数、边数和面数之间的关系,发现

$$顶点数-边数+面数=2$$

下面我们证明这个恒等式不仅适用于一般的多面体生成的平面图成立,而且适用于所有的平面图。

定理 7.6.7（欧拉公式）　设 G 是一个连通的平面图,它有 n 个顶点、m 条边、f 个面,则有 $n-m+f=2$。

证明 对边数进行归纳。

当 $m=0$ 时,因 G 是连通图,所以 G 只能是 1 个顶点的平凡图,$n=f=1$,结论成立。

下设 $m=k$ 时结论为真。下面证明 $m=k+1$ 结论也成立。

若 G 不含圈,则 G 是树,从而至少有两片树叶。设 v 是 G 的一片叶子。令 $G'=G-v$ 则 G 仍是连通图且边数为 k,顶点数为 $n-1$,面数 $f'=f$,则由归纳假设有

$$n-1+f'-k=2$$

即

$$n+f'-k-1=2$$

也即 $n+f-m=2$,结论为真。

若 G 含有圈,设边 e 在 G 的某个圈 C 上。令 $G'=G-e$,则 G' 仍是连通图,且顶点数不变,边数减少 1,面数也减少 1,即 $f'=f-1$,$m'=k$。

由归纳假设有

$$n+f'-m'=2$$

即

$$n+f-1-k=2$$

即 $m=k+1$ 时结论为真。

故由归纳假设,定理为真。

定理 7.6.8(欧拉公式的推广形式) 设 G 是一个有 w 个连通分支的平面图,它有 n 个顶点、m 条边、f 个面,则有 $n-m+f=w+1$。

证明作为练习,从略。

定理 7.6.9(欧拉公式) 设 G 是一个不含自环的平面图,它有 $n(\geqslant 3)$ 个顶点、m 条边,则有

$$m\leqslant 3n-6$$

进一步,如果每个面的度数至少是 $k(\geqslant 3)$,则有

$$m\leqslant \frac{k}{k-2}(n-2)$$

证明 不妨假设图 G 是连通的。因为若 G 不连通,则可以通过添加边来构造一个连通的平面图。$n=3$ 时显然成立,故不妨设 $n\geqslant 4$,$m\geqslant 3$。由欧拉公式 $n-m+f=2$,其中 f 为面数。

注意到每个面的边界至少包含 3 条边,每条边被计算至多 2 次,故有 $3f\leqslant 2m$。由欧拉公式有

$$3m=3n+3f-6\leqslant 3n+2m-6$$

即

$$m\leqslant 3n-6$$

对第二个式子,因 $\deg(f_i)\geqslant k$,$\forall i$,由定理 7.6.6

$$2|E|=\sum_i \deg(f_i)\geqslant \sum_i k=k\cdot f$$

即 $kf\leqslant 2m$,由欧拉公式有

$$km=kn+kf-2k\leqslant kn+2m-2k$$

即 $m\leqslant \dfrac{k}{k-2}(n-2)$,定理得证。

推论 7.6.10 K_5 和 $K_{3,3}$ 都是不可平面图。

证明 这里仅证 $K_{3,3}$,K_5 作为练习。若 $K_{3,3}$ 是可平面的,则边数为 9、点数为 6,它满足定理 7.6.9 的第一个不等式,即 $9\leqslant 3\times 6-6=12$,故考虑利用定理的第二个不等式。注意

到二部图的任何一个圈均是偶长的,故$K_{3,3}$的每一个圈至少有 4 条边,从而面的度数至少为 4,于是由定理的第二个不等式 $m\leqslant\dfrac{k}{k-2}(n-2)$,应有 $9\leqslant\dfrac{4}{4-2}(6-2)=8$。这是不可能的,故矛盾。定理得证。

推论 7.6.11 $K_n(n\geqslant5)$ 和 $K_{3,n}(n\geqslant3)$ 都是不可平面图。

推论 7.6.12 每一个平面图都包含一个度数不超过 5 的顶点。

推论 7.6.13 若图 G 的顶点数为 n,边数为 m,$m>3n-6$,则图 G 是不可平面图。

上面的推论给出了判断一个图是否是可平面图的充分条件,但我们的主要问题仍然存在,即我们怎样确定给定的图是可平面图呢?下面我们就来讨论这个问题。

由以上的定理和推论可知,如果一个图是可平面图,则该图一定不会包含 K_5 或 $K_{3,3}$ 作为子图,反过来也成立吗?例如图 7.6.8,容易由推论 7.6.13 证明它不是可平面图,但它不包含 K_5 或 $K_{3,3}$ 作为子图(作为练习题自行验证)。

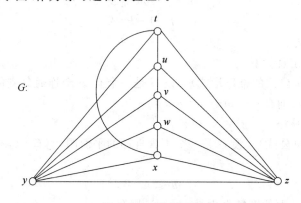

图 7.6.8 非平面图

虽然不包含 K_5 或 $K_{3,3}$ 作为子图的图可能是不可平面的,但实际上 K_5 或 $K_{3,3}$ 仍然起到了核心作用,下面我们就来分析这个核心作用,它是一个图是否是可平面的本质刻画。

定义 7.6.14 设 $e=uv$ 是图 G 的一条边。在边 e 上加入一个新的顶点 w,将其分为新的边 uw 和 wv,称此过程为**对边 e 的剖分**;对图 G 的边进行一系列的剖分后得到的图 H 称为图 G 的一个**剖分图**。

图 7.6.9(a)和(b)分别是含 k_5 和 $k_{3,3}$ 的一个剖分图。另一个剖分的例子如图 7.6.10 所示。有了剖分图的概念,我们可以得到判断图 G 是否是可平面图的重要条件。波兰的拓扑学家卡齐米日·库拉托夫斯基(Kazimierz Kuratowski)在 1929 年的一篇标题为《拓扑学中的扭曲曲线问题》的论文中给出了这一条件。

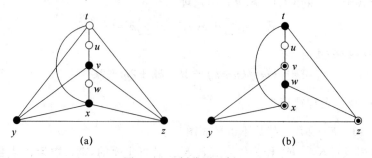

图 7.6.9 剖分图示例一

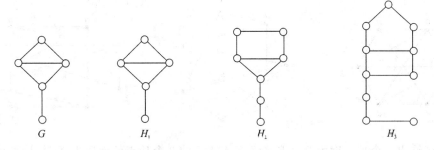

图 7.6.10 剖分图示例二

定理 7.6.15 （**Kuratowski 定理**） 图 G 是可平面图当且仅当图 G 中既不包含 K_5 的剖分图作为子图，也不包含 $K_{3,3}$ 的剖分图作为子图。

证明略。

Kuratowski 定理给出了判断某个图是否是可平面图的重要方法，还有另外一种判断可平面图的方法是德国数学家克劳斯·瓦格纳在 1937 年给出的方法。该方法对图的收缩的定义如下。

定义 7.6.16 设 $e = uv$ 是图 G 的一条边。从图 G 中去掉边 e 并将 e 的两个端点黏合在一起，记此新的顶点为 w，删去由此得到的自环和重复边，称此过程为**对边 e 的收缩**；对图 G 的边进行一系列的收缩后得到的图 H 称为图 G 的一个**收缩图**。

若图 G 可以通过一系列的边收缩得到与图 H 同构的图，则称图 G 可收缩到图 H。

定理 7.6.17 （Kuratowski 定理） 图 G 是可平面图当且仅当图 G 中既没有可以收缩到 K_5 的子图，也没有可以收缩到 $K_{3,3}$ 的子图。

习　　题

1. 下图中哪些是平面图？

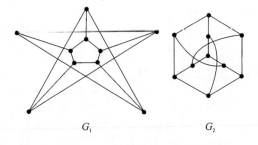

G_1　　　　　G_2

2. 利用 Kuratowski 定理证明以下几个图都是非平面图。

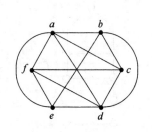 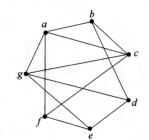 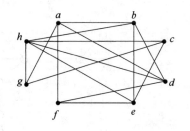

3. 试给出一个顶点度为 $2,2,2,3,3,3,4,4,5$ 的 9 个顶点的连通平面图,计算该平面图的面数。

4. 证明顶点数至多是 4 的图都是可平面的。

5. 证明顶点的度至多是 2 的图是可平面的。

6. 设图 G 是有 12 个顶点的简单图,证明图 G 和图 G 的补图中至少有一个是非可平面图。

第8章

树

8.1 树与森林

如图 8.1.1 所示,树是一类非常特殊的图,从表面看,对其研究并无深度。然而事实并不如此,树是一类应用非常广泛的图,特别是与之相关的算法和优化问题,它在建立问题的数学模型方面有重要意义,同时也面临很多算法方面的挑战,是许多相关的离散优化问题建模和算法设计的基础。首先我们给出树的定义。

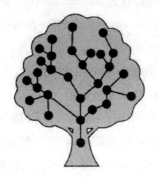

图 8.1.1　树

定义 8.1.1　如果一个图 G 是连通的且不包含任何回路,我们称该图为树。

注意:树一定是简单图。对一个连通图而言,它一定包含至少一个树图作子图。图 8.1.2 的几个图都是树。

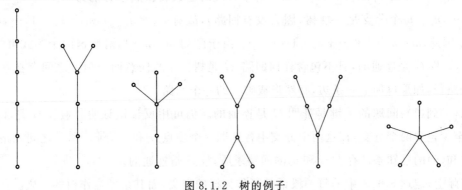

图 8.1.2　树的例子

下面的定理给出了树的几个等价刻画。

定理 8.1.2 设 G 是一个有 n 个顶点、m 条边的图,则以下命题等价:

(1) G 是一棵树。

(2) 在 G 的任意两个顶点之间存在着唯一的一条路径。

(3) G 是连通图,且 $m = n-1$。

(4) G 不包含任何回路,且 $m = n-1$。

(5) G 不包含任何回路,且如果在图 G 的任意两个不相邻的顶点之间连一条边,则所得图形将包含唯一的一个回路。

证明 我们按 $(1) \Rightarrow (2) \Rightarrow (3) \Rightarrow (4) \Rightarrow (5) \Rightarrow (1)$ 的次序来证明定理。

从 (1) 到 (2):因为 G 是一棵树,从而 G 是连通图,在 G 的任意两个不相邻顶点之间至少存在一条路。又因为 G 不包含任何回路,故 G 的任意两个顶点之间只能存在一条路径。

从 (2) 到 (3):由 (2) 可知 G 是一个连通图。我们对 n 进行归纳来证明 $m = n-1$。显然当 $n = 1$ 时结论成立,假设对顶点数为 $n-1$ 的图结论成立,下面考虑 n 个点的情形。由于 G 是连通的,故它存在至少两个非割点,任取其中的一个非割点 u,则 $G-u$ 是连通的且任意两个顶点之间存在着唯一的一条路径。由归纳假设 $G-u$ 的边数为 $n-1-1 = n-2$。下证 u 在 G 中仅有一条边相邻。如若不然,有边 $uv, uw \in E(G)$,因为 $G-u$ 连通,故 $G-u$ 中存在唯一的一条路 P 连接 v, w,加上边 uv, uw 则形成圈 $uvPwu$,与 G 的任意两个顶点间存在着唯一一条路径相矛盾,故 m 必等于 $n-1$。

从 (3) 到 (4):用反证法证明。假设 G 包含某个回路,且边 e 是该回路中的一条边。由于 G 是连通的,所以 $G-e$ 形成的新图 G_1 仍然是连通图,G_1 的顶点数仍为 n,但边数为 $m-1$。如果 G_1 中仍包含回路,则可再取该回路的一条边 e_2,构造又一个连通图 $G_2 = G_1 - e_2 = G - e_1 - e_2$。这时 G_2 的顶点数仍为 n,但边数为 $m-2$。依此类推,我们最终可以得到一个连通且不包含任何回路的树图 $G_p = G - e_1 - e_2 - \cdots - e_p$。此图应有 n 个顶点、$m-p$ 条边,G_p 应是一个树图,其顶点数和边数应使等式 $m-p = n-1$ 成立。由 (3),$m = n-1$。比较这两个等式可知必然有 $P = 0$,即 G 不可能包含有任何回路。定理证毕。

从 (4) 到 (5):证明的关键是论证 G 是连通图。这里仍采用反证法证明。假设 G 是不连通的且由 p 个分支 $G_1, G_2, \cdots, G_p$ 组成。每个分支的边数和顶点数分别为 $m_1, m_2, \cdots, m_p$ 和 $n_1, n_2, \cdots, n_p$。每个分支是一棵树(因为没有回路),故有 $m_1 = n_1 - 1, m_2 = n_2 - 1, \cdots, m_p = n_p - 1$。因此,$m = n_1 - 1 + \cdots + n_p - 1 = n - p$。由于已知 $m = n-1$,对照这两个等式可知,必有 $p = 1$。即 G 是连通的,且不包含任何回路,G 是树。G 的任意两个顶点之间存在着唯一的一条路径,如果再加上一条边,必然形成唯一的一个回路。

从 (5) 到 (1):问题的关键是证明 G 是连通的。仍可用反证法证明。假设 G 是非连通的,则至少包含两个分支,在这两个分支中各选取一个顶点 v_a 和 v_b,则 v_a 和 v_b 之间无路径可达。这和 (5) 的已知条件存在 v_a 和 v_b 的回路矛盾,故 G 是连通的。

实际上,定理 8.1.2 中的每一段话都可作为树的定义,而其余的当作树的性质。

定理 8.1.3 任何一个非空树 G 至少包含有两个悬挂点。

证明 设 G 的顶点数为 n，则其边数为 $n-1$。每一条边对图 G 的顶点度数的贡献为 2，故 G 的全部顶点的度数总和为 $2(n-1)$。如果图 G 没有悬挂点，即每个顶点的度数都至少为 2，那么全部 n 个顶点的度数总和至少应为 $2n$。矛盾。故必存在至少两个悬挂点。

树的悬挂点也称树叶或叶子点。

给定连通图 G，定义 G 中的两个顶点 v_i 和 v_j 之间的**距离** $d(i,j)$ 为它们之间的最短路的边的数目（对于**赋权图**，$d(i,j)$ 定义为最短路各边的权值之和）。

例如，在图 8.1.3 中，顶点 v_1 和 v_2 之间的路有 $(a,d)(a,c,f,g)(b,f,g)$ 等，但最短路径为 (a,d)，故 $d(v_1,v_2)=2$。

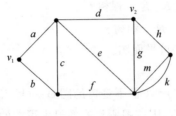

图 8.1.3　图示

给定图 G，顶点 v_i 的偏心率 $E(i)$ 是指从点 v_i 到图 G 中距离 v_i 最远的顶点 v_k 之间的距离。即：

$$E(i)=\mathrm{Max}\{\, d(v_i,v_k)\,|\,v_k\in V\}$$

图 G 中具有最小偏心率的顶点称为**图 G 的中心**。

在图 8.1.4 中，各点的偏心率为 $E(1)=4, E(2)=3, E(3)=4, E(4)=2, E(5)=3,$ $E(6)=4, E(7)=4$。因此，顶点 v_4 是该树的中心。

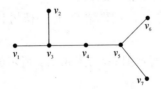

图 8.1.4　树示例图

一般说来，一个图可以有多个中心。例如，一个圈或多边形图，其每一个顶点都是中心，但对于树，则有下面的定理。

定理 8.1.4 每一个树图只有一个或两个中心。

证明 设树图中某点 v_i 的偏心率为 $E(i)$，根据定义，存在着一个最大距离 $d(v_i,v_j)=E(i)$。这时，顶点 v_j 必是悬挂点。现去掉树图 T 的所有悬挂点后得到的新图 T_1 仍为树，且 T_1 中的各点的偏心率均将减少 1，这时，T 的中心仍然是 T_1 的中心。如果再去掉 T_1 中的所有悬挂点而得到新的树图 T_2，则 T_2 中各点的偏心率再减少 1，且中心不变。如此继续下去到最后所得到的图必定是一个点或者一条边，这时的这个点或这条边的两个点就是原来的树 T 的中心，即每一棵树必有一个或两个中心。定理证毕。

如果一个树图有两个中心，这两个中心一定是相邻的。通常定义中心的偏心率为**树的**

半径,而树图中存在的最长路径为**树的直径**。

注意,树的直径不一定是树的半径的两倍。

习　题

1. 设 $T_1=(V_1,E_1)$,$T_2=(V_2,E_2)$ 是两棵树,满足 $|E_1|=17$,$|V_2|=2|V_1|$。试确定 $|V_1|$,$|V_2|$,$|E_2|$。

2. 什么样的树只有 2 个叶子点?

3. 当 n 取什么值时完全图 K_n 是一棵树?

4. 当 m,n 取什么值时 $K_{m,n}$ 是一颗树?

5. 证明任意一棵树 T 都是可平面图。

6. 证明树是一个二部图。

7. 给出一个满足 $|E|=|V|-1$ 但不是树的图 $G=(V,E)$。

8. 设一个连通图有 40 条边,则该图所具有的最大可能的顶点数 $|V|$ 是多少?

9. 设 T 是一棵树,顶点 v 是 T 上度最大的点,$d(v)=k$,证明 T 有至少 k 个悬挂点。

8.2　生成树

本节考虑图 G 的一个特殊子图-生成树(Spanning Tree),它在运筹学、计算机网络等领域有着广泛的应用。首先,我们给出它的定义。

定义 8.2.1　设 T 是图 G 的一个子图,若 T 是一棵树且包含图 G 的全部顶点,则称 T 为图 G 的**生成树**或**支撑树**。

例 8.2.2　已知如图 8.2.1 所示图 G,则图 8.2.2 所示的两个子图均是图 G 的生成树,即图 G 的生成树并不唯一。

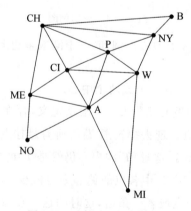

图 8.2.1　例 8.2.2 的图示

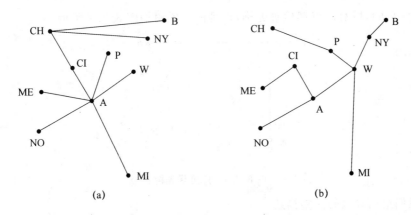

(a)   (b)

图 8.2.2　例 8.2.2 的生成树

给定一个图 G，它是否存在生成树呢？显然，若 G 有一颗生成树 T，则任意给定两点，在生成树 T 上有唯一的路来连接它们，即它们是连通的，从而 G 是连通的。即 G 有生成树，则它必连通。其逆命题成立吗？换言之，若 G 连通，G 是否一定存在生成树？答案是肯定的。

定理 8.2.3　图 G 有生成树当且仅当 G 是连通的。

证明　必要性是显然的，下面证明充分性。假设 G 是连通的，若 G 没有圈，则由定理 8.1.1，G 是一棵树，从而命题得证。否则，G 含有至少一个圈，则找出这样的一个圈，从该圈上删去一条边，剩下的图还是连通的，于是可以重复上述过程，一直到剩余的图连通且不含圈为止，此时的图即 G 的一棵生成树，命题得证。

上述找生成树的方法称为**破圈法**。

在应用中，有两个著名的生成树的搜索算法——**广度优先**和**深度优先**搜索。下面我们来介绍这两个算法。

（1）广度优先搜索算法

广度优先搜索的基本思想是从一点出发，先检查该点的所有邻点，然后检查邻点的邻点，一直到所有顶点都被检查为止。我们以图 8.2.3 所示的图来说明这个思想。

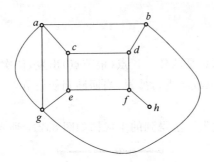

图 8.2.3　广度优先的例子

我们从 a 点出发，首先检查 a 的邻点 b,c,g，将边 $(a,c),(a,b),(a,g)$ 加入，然后检查 b 的邻点，只有 d 未加入，故添加边 (b,d)，再检查 c 的邻点 e,d，因 d 已经加入，故只需要加入边 (c,e)，再检查 g 的邻点，发现都在当前的部分树中，再考虑点 d 的邻点，其未加入的邻点只有 f，故加入边 (d,f)，考虑下一个顶点 e 的邻点，f 已加入，故考虑 f 的邻点 h，可以加入，于是添加边(f,h),所有的点都检查完毕,得到的生成树如图 8.2.4 所示。

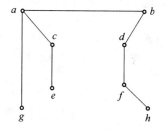

图 8.2.4　广度优先树

下面我们给出算法的完整描述。

输入:有 n 个顶点的连通图 G,n 个顶点的一个排序 v1,v2,…,vn
输出:G 的一棵生成树 T
procedure bfs(V,E)
1. // V = 排好序的顶点集 v1,v2,…,vn,E = 边集
2. // V′ = 生成树 T 的顶点集,E′ = 生成树 T 的边集
3. // S 是一个排了序的列表,v1 是树 T 的根
4. S: = (v1)　　V′: = {v1}　　E′: = { }
5. while true do
6. begin
7. 　　For 每一 x ∈S,按其次序,do
8. 　　　对每一 y ∈V − V′,按其次序,do
9. 　　　　　if(x,y)是边 then
10. 　　　　　　把边(x,y)加到 E′,点 y 加到 V′
11. 　　　　if 没有边可以加入 then return T
12. 　　　　S: = 按与原来顶点次序一致排列的 S 的子节点的集合
13. end
14. end bfs

(2) 深度优先搜索算法

深度优先搜索的基本思想是从任一顶点(根节点)出发,依次向前搜索,一直到找不到新的节点,则回溯到上一层节点继续进行搜索,当回溯到初始节点(根节点)不能再继续进行搜索时算法结束。

上面的例子应用深度优先算法得到的生成树如图 8.2.5 所示。

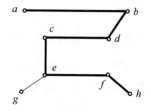

图 8.2.5　深度优先树

下面是算法的完整描述。

```
输入:有 n 个顶点的连通图 G,n 个顶点的一个排序 v₁,v₂,…,vₙ
输出:G 的一棵生成树 T
    Procedure dfs(V,E)
1.  //V′ = 生成树 T 的顶点集,E′ = 生成树 T 的边集
2.  //S 是一个排好序的顶点列表,v1 是树 T 的根
3.  V′ = {v1}    E′ = { }    w = v1
4.  while true do
5.    begin
6.      while 存在边(w,v)将其加到树 T 不产生 T 中的圈 do
7.        begin
8.          选择这种加到 T 不产生 T 中圈的使得 k 最小的边(w,vk)
9.          将边(w,vk)加到 E′
10.         将顶点 vk 加到 V′
11.         w: = vk
12.       end
13.       if w = v1 then return(T)
14.       w: = w 在 T 中的父亲
15.     end
16.   end
```

下面我们考虑生成树的一个应用——最小生成树。假设我们要修建一个连接 n 个城市间的高铁网,使得旅客能从任意一个城市乘坐高铁(可能通过换乘)到达任何一个城市。出于经济上的考虑,不能任何两个城市之间直接修一条高铁。如果假定修建的高铁总里程最短,那么很显然这个高铁网络是一棵树的形式。这种树称为最小(权)生成树。如前所述,我们可以用赋权图的术语来阐述这一问题。

给定一个赋权图 $G = (V, E, w)$,其中 w 是权函数,对每一边 $e \in E$,w 指定一个实数 $w(e)$ 与之对应,称其为边 e 的权。于是**最小权生成树**可表述为:在 G 中找一棵生成树,使得其上边的权和最小。

给定一棵生成树 T,记它的权为 $w(T)$,则

$$w(T) = \sum_{e \in T} w(e)$$

最小权生成树问题已经有有效的算法,这就是著名的贪心算法或 Kruskal 算法,我们在下面的定理中叙述它。

定理 8.2.4 设 G 是一个有 n 个顶点的连通图,则按如下步骤可以构造出 G 的一棵最小权生成树。

(1) 选 e_1 是 G 中具有最小权的边;

(2) 以后的每一步总是选出一条与前面已选出的边不同的且具有尽可能小的权的边,并使得它与前面已选出的边不形成圈。

这样选出的 $n-1$ 条边 $e_1, e_2, \cdots, e_{n-1}$ 所构成的 G 的子图 T 就是所要求的生成树。

证明 由定理的(2)立即可知：T 是 G 的一个生成树。下面证明 T 的权和最小。我们用反证法，假设 S 是 G 的一棵生成树，且 $w(S) < w(T)$。设 e_k 是序列 $e_1, e_2, \cdots, e_{n-1}$ 中第一个不在 S 中的边，则 $S + e_k$ 必含有唯一的圈，记为 C。显然 C 中必有一条边 e 不属于 T，因此 $S' = S - e + e_k$ 仍然是一棵生成树。由作图的规则知：$w(e_k) \leqslant w(e)$，从而 $w(S') \leqslant w(S)$，并且 S' 与 T 的公共边比 S 与 T 的公共边多一条。重复这个过程，我们就可以逐步把 S 转变成 T，并且每一步所得的生成树的权和不增加，因此 $w(T) \leqslant w(S)$，与假设矛盾。故定理为真。

最后，我们给出树的概念的推广——k 树（森林）的概念。

定义 8.2.5 如果一个图不包含任何回路，那么这个图称为森林。一棵 k 树是一个由 k 个分支组成且不包含回路的图，即有 k 个分支的森林。

显然，森林和 k 树的每个分支都是一棵树。如果图 G 的一个森林（k 树）包含了图 G 的全部顶点，那么，这个森林（k 树）就叫 G 的生成森林（k 树），生成 k 树常常简称为 k 树。如图 8.2.6 所示，图 8.2.6(a) 中图 G 的生成二树如图 8.2.6(b) 所示，它的生成三树如图 8.2.6(c) 所示。

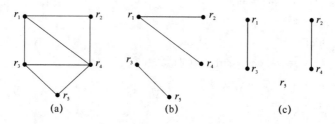

图 8.2.6 图及森林

如果有 n 个顶点的图 G 的生成 k 树的各分支为 $T_1, T_2, \cdots, T_k$，每个分支包含的顶点数为 n_i，边数为 m_i，则该 k 树的总边数为 $n - k$。

一个图的顶点数 n、边数 m 和分支数 k 是该图的主要参数，这三个参数是相互独立的。由它们可导出图 G 的两个重要表征，即图的秩和零度。

定义 8.2.6 一个图 G 的**秩**为 $R = n - k$。图 G 的**零度** $\mu = m - n + k$。

注意，$R(G) + \mu(G) = m$。它们在图的矩阵描述和表征中起重要作用。图 G 的秩唯一地由图的顶点数和分支数确定。

习　题

1. 设 $G = (V, E)$ 是一个简单图，H 是它的一棵生成树。H 在 G 中的补是 G 的一个子图，它由顶点集为 V，边集为 G 的不在 H 中的边组成。证明 T 在 G 中的补不含有 G 中的边割集。

2. 证明：若赋权图 G 的每条边的权都互不相同，则 G 的最小生成树是唯一的。

3. 设 e 是赋权图 G 的一条权值最小的边，则一定存在 G 的一棵最小生成树包含这条边 e。

4. 求下图的生成树。

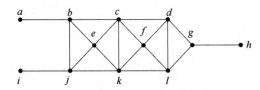

5. 求下图的最小生成树。

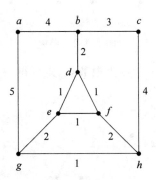

8.3　根树与二分树

本节我们讨论特殊的有向树——根树,它有着广泛的应用。首先给出它的定义。

定义 8.3.1　设 G 是一个有向图,若 G 的基图(即每条弧去掉方向后的无向图)是一棵树,则称 G 为有向树。一棵有向树称为根树,若它满足如下条件:G 存在一个唯一的入度为 0 的顶点,称为根节点;而对其他的节点 v,其入度均为 1。出度为 0 的点叫叶子点或外部节点。不是叶子点的节点称为分支点或内部点。图 8.3.1(a)(b)分别为有向树和根树。

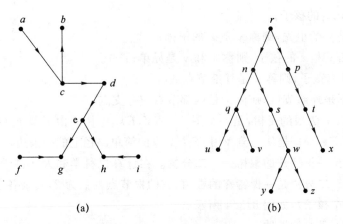

图 8.3.1　有向树和根树

我们总是按(b)图那样来画根树,其弧的方向总是由上向下,因而箭头就不再需要,如图 8.3.2 所示。

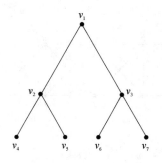

图 8.3.2　根树

任意一棵无向树,如指定其中一点为根节点,则可得一棵根树,如图 8.3.3 所示。

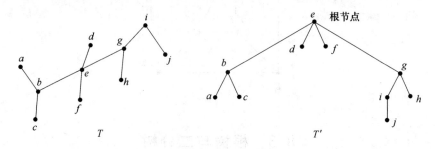

图 8.3.3　树及根树

对于一棵根树,我们可以根据节点到根节点的距离来将节点分层。规定根节点为第 0 层,其余节点 v 的层数定义为从根到 v 的路径的长度。节点的最大层数称为树的**高度**或**深度**。一棵深度为 h 的根树称为是**平衡**的,如果它的任意一个叶子点的层数是 h 或 $h-1$。

定义 8.3.2　T 是根为 v_0 的树,x,y,z 是 T 的节点,$(v_0,v_1,\cdots,v_n)$ 是 T 上的一条路,则

　　a) 称 v_{n-1} 是 v_n 的父亲;

　　b) 称 $v_0,v_1,\cdots,v_{n-1}$ 是 v_n 的祖先;

　　c) 称 v_n 是 v_{n-1} 的孩子;

　　d) 如果 x 是 y 的祖先,则称 y 是 x 的子孙;

　　e) 如果 x 和 y 是 z 的孩子,则称 x 和 y 是兄弟;

　　f) 如果 x 没有孩子,则称 x 是外部节点或叶子;

　　g) 如果 x 不是外部节点,则称 x 是内部节点或分支点;

　　h) 树 T 的以 x 为根的子树,是一个图 $T'=(V,E)$,其中 V 由 x 及 x 的子孙构成,

$$E=\{e\,|\,e\text{是从 }x\text{ 到 }V\text{ 中某个节点的简单路径上的一条边}\}$$

下面我们讨论一类特殊的根树——**二分树**。在计算机科学和人文科学中,广泛地应用着二分树的概念。**二分树**是一棵特殊的根树:它的根节点度数为 2,其余各点的度数为 1 或 3(即最多只有 2 个孩子),如图 8.3.4 所示。

二分树有如下重要的性质:

(1) 二分树的顶点数必为奇数。因为图中偶度数的顶点只有一个,总度数应为偶数,奇度数的顶点数必须为偶数,则总顶点数为奇数。

(2) 二分树中叶子的数目必为 $(n+1)/2$,这里 n 为顶点数(此性质的证明作为练习)。

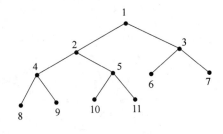

图 8.3.4　二分树

(3) 二分树的内部顶点数比叶子点数少 1。

在二分树中任意一个顶点 v_i 到根的距离称为该点的级别。所以,根属于 0 级。在图 8.3.2 中,顶点 v_2 和 v_3 属一级。二分树的应用之一在于描述检索过程。二分树的每个点代表两种可能的检测出路,一般先从根开始检索并把结果送到下一级的两个点再继续进行检测,直到到达检索目标对应的那个悬挂点时,检索终止。因此,建立适当的二分树结构是完成这类检索的关键步骤。

定义 8.3.3　满二分树(Full Binary Tree)是一棵二分树,且每个顶点要么没有子节点,要么有两个子节点。

定理 8.3.4　设 T 是有 i 个内部节点的一棵满二分树,则 T 有 $i+1$ 个外部节点,T 的节点数等于 $2i+1$。

证明　每一个内部节点有 2 个孩子节点,共有 $2i$ 个孩子节点,T 有 $2i+1$(根)节点,外部节点数为 $2i+1-i=i+1$。

定理 8.3.5　若一棵深度为 h 的二分树的外部节点(叶子点)数为 t,则 $\lg t \leqslant h$(也即 $t \leqslant 2^h$)

证明　只要证 $t \leqslant 2^h$ 成立即可,对 h 进行归纳。

当 $h=0$ 时,该二分树只有一个顶点(根节点),$t=1$,结论成立。

下设对于深度小于 h 的二分树结论为真。现考虑深度为 h 的情形。

设 T 是一棵深度为 $h>0$,有 t 个叶子点的二分树。

情形 1:树 T 的根节点只有一个子节点,则去掉该节点及与之关联的边,得到一棵子二分树,其深度为 $h-1$,叶子点数不变,于是由归纳假设 $t \leqslant 2^{h-1} \leqslant 2^h$,结论成立。

情形 2:树 T 的根节点有 2 个子节点,则去掉该节点及与之关联的边,得到两棵子二分树,其深度为 $h-1$,叶子点数分别为 t_1, t_2,$t=t_1+t_2$,于是由归纳假设知 $t_1 \leqslant 2^{h-1}$,$t_2 \leqslant 2^{h-1}$,

$$t=t_1+t_2 \leqslant 2^{h-1}+2^{h-1}=2^h$$

结论成立。

于是,由归纳法,结论对所有的深度 h 成立。

上述不等式可以取到等号,如图 8.3.5 所示的二分树。

二分树的一个应用是可以用来存储查找数据。设集合 S 的元素之间是有序的,二分树可以用来存储有序集合的元素。给定一个集合总是可以给其元素安排一个序。例如,S 是由数字组成,其元素之间可以按数的大小排序,若 S 是字符串的集合,则可用字母顺序表来进行排序。

定义 8.3.6　一棵二分搜索树 T 是一种二分树,其数据都存储在顶点中,使得对于 T 中的任意顶点 v,在 v 左边的子树中的任意数据项都比 v 中的数据小,而右边子树中的任意数据项都比 v 中的数据项大。

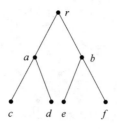

图 8.3.5 满二分树

例 8.3.7 下面的一组词

Old programmers never die they just lose their memories

可以放在如图 8.3.6 所示的二分搜索树上。

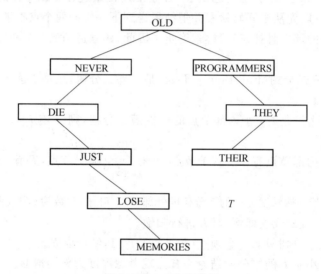

图 8.3.6 二分搜索树

下面我们给出二分查找树算法的完整描述。

```
    Input:w1,…,wₙ,  n
    Output:一棵二叉查找树 T
1. Procedure make_2(w,n)
2.    make a tree with a singlenode,  and store w1 in it
3.    for i:= 2 to n do
4.     begin
5.        v:= root  search:= true
6.        while search do
7.           s:= word in v
8.           if wi < s then
9.              if v without left child then
10.                 begin
```

```
11.                    add a left child l to v
12.                    store wi in l
13.                    search：= false
14.                    end
15.                else
16.                    v：= left child of v
17.            else
18.        if v without right child then
19.                        begin
20.                        add a right child r to v
21.                        store wi in r
20.                        search：= false
21.                    end
22.                else
23.                    v：= right child of v
24.        end //while
25.    end //for
26. return(T)
27. end make_2
```

<h1 style="text-align:center">习　　题</h1>

1. 考虑下面的二叉树,回答以下问题。

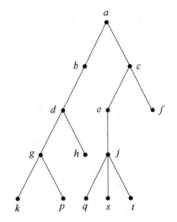

（1）哪些点是叶子？

（2）哪些点是根节点？

（3）点 g 的父亲是哪个点？祖先是哪个点？

（4）点 c 的后代是哪些点？

（5）点 s 的兄弟有哪些？

（6）计算点 d,h,k,s 的层数。

（7）该根树的深度是多少？

2. 满 m-ary 树是一棵根树，其每个父节点都有 m 个子节点，如果 T 是满 m-ary 树，且有 i 个非叶子顶点，问 T 一共有多少个顶点？多少个叶子点？

3. 求有 t 个叶子点的满二分树的最大深度。

4. 令 T 是一棵满二分树，令 I 是由根节点到非叶子节点的路的长度之和，称 I 为内部路长度。令 E 为由根节点到叶子节点的路的长度之和，称 E 为外部路长度。证明如果 T 有 n 个非叶子顶点，则 $E=2n+I$。

第 9 章

网络流与匹配

当今的社会基本上被一些网络,如交通运输网、通信网、互联网、(关系)数据库、货物分配等所控制,因而对这样的一些网络进行数学分析就变得极为重要,并已成为一门很重要的学科。本章将通过一些例子来阐述这门学科,即网络流理论。

9.1 网络模型

本节讨论网络模型及其相关算法。人们常常利用有向图来对各种网络模型进行建模,如交通网络、通信网络、输电网络、油气管道网络、互联网、社会网络等。这些网络的共同特点是它们都是有向图,都有发点、收点、中转点,每条弧上都有传输能力的限制。例如,考虑一个公路交通网络,其顶点是城市(或道路的交叉点),边即公路。而计算机通信网络中的顶点是路由器(或网关、主机等),边是连接路由器的可以传输数据包的链接线(如光纤)。边上的容量是指传输能力的大小,可以是货物的最大运输量或者计算机通信网络中的最大带宽。发点是提供货物(或数据包等)的地方,收点是需要货物(或数据包)的地方,它可以吸收其他顶点传送过来的货物(或数据包等)。

例 9.1.1 考虑一个油气管道网络的实例,如图 9.1.1 所示。原油堆集在船坞码头 a 上,它将通过油气管道网络运输到炼油厂 z 进行提炼,顶点 b,c,d,e 表示泵站,它将到达泵站的流往外输出,我们的问题是要寻找原油的输送方案,使得能从码头 a 传输尽可能多的原油到炼油厂 z,这种求出从码头 a 传输最大流量尽可能多原油到炼油厂 z 的问题就是经典的最大流问题。

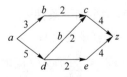

图 9.1.1 例 9.1.1 的图示

例 9.1.2 考虑到对野生动物的生态保护,京都野生动物公园计划对游客入园数量进行限制。客车和私家车均不允许进入公园,游客均在公园的入口处乘坐公园的电车统一前往,这些车辆从公园入口 O 处出发,途经公园内的若干站点,最后停到统一的终点站 T。在公园的内部交通线路中,考虑到各区域生态条件的不同,各路径上每天允许经过的电车数量也不相同。图 9.1.2 是公园内部的公交线路,边上的数字表示的是允许经过的电车数量的上限。公园管理人员要做的计划是安排车辆,使得一天内允许运行的车辆数最多。这个问题也可化为由 O 到 T 的最大流问题。

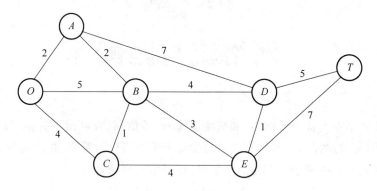

图 9.1.2　例 9.1.2 的图示

上述例子中的这种形式的图称为**流(运输)网络**。

定义 9.1.3　一个**流网络**是满足下列条件的有向图 $G=(V,E)$,记为 $N=(V,E,c,s,t)$。

1°　存在一个源点 $s \in V$;

2°　存在一个汇点 $t \in V$;

3°　弧(有向边)$e=(i,j)$ 关联一个非负数 c_{ij},称为弧 e 的**容量**。

例 9.1.1 续　上述图 9.1.1 就是一个流网络,其中源点为 a,汇点为 z,弧(a,b) 的容量为 3,弧(a,d) 的容量为 5,弧(b,c) 的容量为 2,弧(d,c) 的容量为 2,弧(d,e) 的容量为 2,弧(c,z) 的容量为 4,弧(e,z) 的容量为 4,如图 9.1.3 所示。

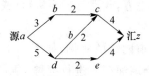

图 9.1.3　例 9.1.1 的图示续 1 容量

下面我们给出网络中传输的流的定义。

定义 9.1.4　设 $N=(V,E,c,s,t)$ 是一个流网络,一个 s-t(可行)流是一个函数 f,它把每条弧 e 映射到一个非负实数 $f(e)$,满足如下条件:

(1) 对每一 $e \in E$,$0 \leqslant f(e) \leqslant c(e)$(容量约束);

(2) 对每一 $v \in V \setminus \{s,t\}$,$\displaystyle\sum_{e\text{进入}v} f(e) = \sum_{e\text{离开}v} f(e)$(流的守恒方程)。

第一个条件是说一条弧上的流不能超过这条边的容量,即容量约束。

第二个条件是说每一个非源非汇点(中转点)v 处,其进入顶点 v 的弧上的流值之和 $\displaystyle\sum_{e\text{进入}v} f(e)$ 等于离开顶点 v 的弧上的流值之和 $\displaystyle\sum_{e\text{离开}v} f(e)$,称为流的守恒条件。

例 9.1.1 续上例　令 $f(ab)=f(bc)=f(de)=f(ez)=2,f(ad)=f(cz)=3,f(dc)=1$,则

f 是一个 s-t 可行流。每一条边上的第二个数字表示流经该边的流的流值,如图 9.1.4 所示。

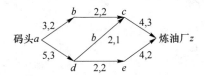

图 9.1.4　例 9.1.1 的图示续 2 可行流

在图 9.1.4 中,在顶点 d 处,进入的流为 $f(ad)=3$,流出的流为 $f(dc)+f(de)=3$,流入的量等于流出的量。

对于网络 N,从源节点流出的流一定都会流入汇节点,即有如下定理。

定理 9.1.5　令 f 为网络 N 的一个 $s-t$ 可行流,则从源点流出的流值之和等于从其他点流进汇点 t 的流值之和,即 $\sum\limits_{e\text{进入}t} f(e) = \sum\limits_{e\text{离开}s} f(e)$。

证明　由流的定义,显然

$$\sum_{e\in E} f(e) = \sum_{i\in V}\sum_{j\in V} f((ji)) = \sum_{i\in V}\sum_{j\in V} f((ij))$$

即有

$$\sum_{i\in V}\sum_{j\in V} f((ji)) - \sum_{i\in V}\sum_{j\in V} f((ij)) = 0$$

从而

$$
\begin{aligned}
0 &= \sum_{i\in V}\sum_{j\in V} f((ji)) - \sum_{i\in V}\sum_{j\in V} f((ij)) \\
&= \sum_{i\in V}\left(\sum_{j\in V} f((ji)) - \sum_{j\in V} f((ij)) \right) \\
&= \sum_{j\in V} f((js)) - \sum_{j\in V} f((sj)) + \sum_{j\in V} f((jt)) - \sum_{j\in V} f((tj)) + \\
&\quad \sum_{i\in V\backslash\{s,t\}}\left(\sum_{j\in V} f((ji)) - \sum_{j\in V} f((ji)) \right) \\
&= -\sum_{j\in V} f((sj)) + \sum_{j\in V} f((jt))
\end{aligned}
$$

所以

$$\sum_{j\in V} f((sj)) = \sum_{j\in V} f((jt))$$

定义 9.1.6　令 f 为网络 N 的一个 $s-t$ 可行流,则从源点流出的流值之和 $\sum\limits_{j\in V} f((sj))$ 称为流 f 的**流量**(流值),记为 $\mathrm{val}(f)$。

例 9.1.1 续　上述图 9.1.4 中流 f 的流值等于 5。

最大流问题　给定流网络 $N=(V,E,s,t,c)$,求从 s 到 t 的流值最大的可行流 f,即找一使 $\mathrm{val}(f)$ 值最大的可行流 f。

例 9.1.7　**多个源点和汇点的情形**　考虑油气管道问题,假设有三家原油公司给两家化工厂提供原油,其管道网络如图 9.1.5 所示,每一条弧上的数值是该管道所能通过的最大流量,试建立一个原油调运方案,使得能运输尽可能多的原油给两个化工厂。

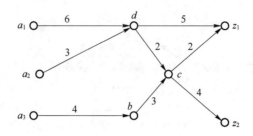

图 9.1.5　例 9.1.7 的图示

我们可以通过引进超级源点(人工源点)s 和超级汇点(人工汇点)t,将其化为单源单汇的最大流问题,如图 9.1.6 所示。

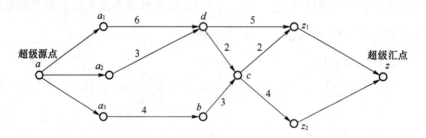

图 9.1.6　例 9.1.7 的解

一般地,对有超过 2 个源点或汇点的情形均可如此处理化为单源单汇情形,如图 9.1.7 所示。故以下讨论均假设为单源和单汇的流网络。

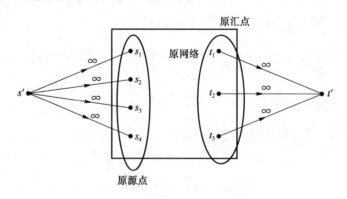

图 9.1.7　化多源多汇为单源单汇的图示

习　　题

1. 在下面几个流网络中分别将缺少的边流量补齐,使得它是一个可行流,并确定出流值。

(1)

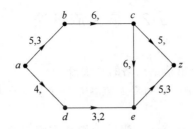

(2)

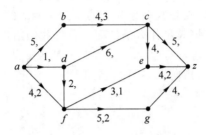

(3)

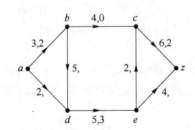

2. 试将下面的多源多汇的网络流问题转化成单源单汇的网络流问题。

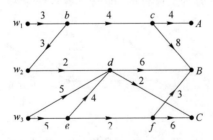

3. 欲求下图所示的系统中由 a 到 z 的一个最大流,如何将其转化成网络流问题,图上的无向边表示流可以在它们之间双向流动。

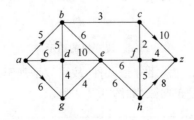

9.2 最大流算法

下面讨论如何设计算法求出给定网络的最大流。

给定网络 $N=(V,E,s,t,c)$，N 的最大流就是一个从 s 到 t 的流值最大的可行流 f，如何来求 N 中的最大流呢？

我们可以考虑最简单的贪婪算法。假设我们从零流开始：对所有的弧 e，令 $f(e)=0$。显然这个流 f 满足容量约束和守恒条件，但遗憾的是它的流值为 0，因此我们希望由此出发不断地增加流。我们的增加方式是找一条从源点 s 到汇点 t 的路径，沿此路径推进（增加）流，直到不可为。这种路径应该满足什么条件呢？首先我们给出如下定义。

定义 9.2.1 设 $p=(v_0,v_1,\cdots,v_n)$，$v_0=s$，$v_n=t$ 是从 s 到 t 的一条路径，如图 9.2.1 所示。如果在 p 中边 e 是从 v_{i-1} 指向 v_i，则称 e 是正向（正常定向）的，否则称其是反向的（非正常定向的）。

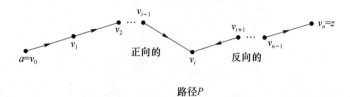

图 9.2.1 正向边和反向边。边 (v_{i-1},v_i) 是正向的，因为它朝 a 到 z 的方向。边 (v_i,v_{i-1}) 是反向的，因为它不朝 a 到 z 的方向

例 9.2.2 图 9.2.2 是一条 s 到 t 的路径，其中每条弧都是正向弧，流经此路径的流值为 1，若每一条弧增加流值 1 仍然是可行的，即满足容量约束和守恒条件，见各弧下方的数值，此时流值变为 2。

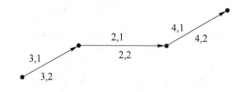

图 9.2.2 可行流及其增广

在 s 到 t 的路径上任意一个点 v 关联两条弧，其方向有如下 4 种情况。

(1) 均是正向弧，如图 9.2.3 所示。

图 9.2.3 流守恒的图示一

此时两条弧增加相同流值均满足守恒条件，故可以增加至某一弧的容量上限为止。

(2) 入弧是反向弧，出弧是正向弧，如图 9.2.4 所示。

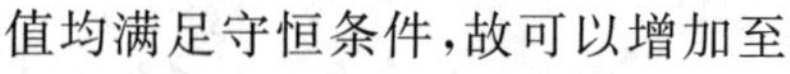

图 9.2.4 流守恒的图示二

此时,要输送更多的流到 t,反向弧上的流值将减少,而正向弧上仍可增加流。

（3）入弧是正向弧,出弧是反向弧,如图 9.2.5 所示。

图 9.2.5　流守恒的图示三

此时,与情形（2）类似,要输送更多的流到 t,反向弧上的流值将减少,而正向弧上仍可增加流。

（4）入弧与出弧都是反向弧,如图 9.2.6 所示。

图 9.2.6　流守恒的图示四

此时,要输送更多的流到 t,两条反向弧上的流值都将减少。

再看下面的 s 到 t 的路径 $p=(s,a,b,c,t)$,其中弧 (a,b) 是反向弧。为了从源点 s 向 t 推送流,此路径上的反向弧流值应减少,最大可以减少 1,故此路径上每条正向弧增加流值 1,反向弧减少流值 1,得一个新的可行流,其流值变为 2,如图 9.2.7 所示。

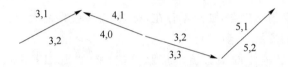

图 9.2.7　流守恒的图示五

由上面的例子可知,一条 s 到 t 的路径 $p=(v_0,v_1,\cdots,v_n)$, $v_0=s$, $v_n=t$,若其正向弧上的流量严格小于容量,反向弧上的流量大于 0,则可以沿此路径增加流值,称此路径为增广路,我们有如下定理。

定理 9.2.3　设 P 是网络 N 中从 s 到 t 的一条路径,满足:

（1）对 P 中正向弧 (i,j), $f(i,j)<c(i,j)$,

（2）对 P 中反向弧 (i,j), $0<f(i,j)$,

则可以沿此路径增加流,特别地,令

$$x(i,j)=c(i,j)-f(i,j)\quad\text{（如果 }(i,j)\text{ 是正向弧）}$$
$$x(i,j)=f(i,j)\quad\text{（如果 }(i,j)\text{ 是反向弧）}$$

令
$$\Delta=\min\{\ X_{i,j}\big|_{i,j=1,\cdots,n}\}$$

定义:

$$f^*(i,j)=f(i,j)\quad\text{（若弧 }(i,j)\text{ 不在 }P\text{ 中）}$$
$$f^*(i,j)=f(i,j)+\Delta\quad\text{（若 }(i,j)\text{ 是 }P\text{ 中的正向弧）}$$
$$f^*(i,j)=f(i,j)-\Delta\quad\text{（若 }(i,j)\text{ 是 }P\text{ 中的反向弧）}$$

则 $f^*=\{f^*(i,j)\}$ 是一个流量比 f 增值 Δ 的流。

称上述能沿其增加流值的路为 f 增广路。

为了方便地查找增广路,我们引进剩余网络（Residual Network）的概念。设有网络 $N=(V,E,c)$,其中 c 为容量函数。当前的一个可行流为 f,关于流 f 的剩余网络记为 $N(f)=(V,E(f))$,其顶点集合与原来的流网络一样,弧集 $E(f)$ 由 E 中的弧和其对应的反向弧 $\overleftarrow{E}=\{\overleftarrow{e}=(a,b)\,|\,e=(b,a)\in E\}$ 组成,即

$$E(f)=\{(u,v)\mid f(u,v)<c(u,v)\}\bigcup\{(v,u)\mid f(u,v)>0\}$$

其容量函数 $\hat{c}$ 定义如下:

$$\hat{c}(u,v)=\begin{cases}c(u,v)-f(u,v),&(u,v)\in E\\f(v,u),&(v,u)\in E\end{cases}$$

则 N 中存在一条流值大于 0 的增广路当且仅当 $N(f)$ 中有一条源点到汇点的简单有向路。即有如下定理。

定理 9.2.4 设 f 是流网络 $N=(V,E,s,t,c)$ 的可行流, f' 是剩余网络 $N(f)=(V,E(f),s,t,\hat{c})$ 上的可行流,则 $f+f'$ 是流网络 $N=(V,E,s,t,c)$ 的可行流。

证明略。

定理 9.2.5 设 f 是流网络 $N=(V,E,s,t,c)$ 的可行流, f 是最大流的充要条件是 $N=(V,E,s,t,c)$ 中不存在关于 f 的增广路。或者等价地,设 f 是流网络 $N=(V,E,s,t,c)$ 的可行流, f 是最大流的充要条件是剩余网络 $N(f)=(V,E(f),s,t,\hat{c})$ 中不存在 s 到 t 的有向路。

由以上定理,可得最大流算法的基本思想/流程:

(1) 从流量 0 开始;

(2) 查找满足定理的增广路,如果不存在,结束,流量就是最大的,否则,转(3);

(3) 沿增广路增加流量 $\triangle$,转(2)。

下面我们给出一个具体的最大流增广路算法,称为 Ford-Fulkerson 算法。在 Ford-Fulkerson 算法中,寻找增广路并沿此路增加流的方法是所谓的标号法,我们以一个实例来说明如何标号和增加流。

如图 9.2.8(a)所示,各条弧上的流值均为 0,即初始可行流 f 为零流。在图 9.2.8(b)中,对初始可流 f 进行第一次标号。每个顶点的标号包含以下两个分量。

(1) 第一个分量是指明该点的标号是从哪个顶点得到的,其目的是由此分量回溯找出增广路。

(2) 第二个分量是确定由上一得到标号顶点可以传输过来的流值大小,即到当前状态可以改进的流值。

首先从源点进行标号,源点的标号为 $(-,+\infty)$,第一个分量表示它是起点,不从其他点得到标号,第二个分量表示由该点可以往外流出任意多的流量。在任何阶段的标号中,源点的标号始终是 $(-,+\infty)$。源点得到标号后,依次对其他顶点进行标号,可以采用广度优先搜索或深度优先搜索进行点的遍历,直到汇点 t 得到标号,此时可以由 t 点的标号的第一个分量进行回溯,得到一条由源点 s 到汇点 t 的增广路,沿此路增广流即可。可以增广的最大流值即 t 点标号的第二个分量。

我们按深度优先的方法进行标号,图 9.2.8 的顶点 v_1 的标号为 $(s,8)$,顶点 v_3 的标号为 $(v_1,2)$,顶点 t 的标号为 $(v_3,2)$,于是得到第一条增广路 sv_1v_3t,增加的流值为 2,沿此路增广流后得图 9.2.8(c)。继续按深度优先的方法进行标号,图(c)中顶点 v_1 的标号为 $(s,6)$,顶点 v_4 的标号为 $(v_1,2)$,顶点 t 的标号为 $(v_4,2)$,于是得到第一条增广路 sv_1v_4,增加的流值为 2,沿此路增广流后得图 9.2.8(e)。重复此过程,得第三条增广路 sv_2v_3t,增加的流值为 1,如图 9.2.8(f)和(g)所示,第四条增广路 sv_2v_4t,增加的流量为 3,如图 9.2.8(h)和(i)。再进行标号得图 9.2.8(j),但此图中汇点得不到标号,从而终止,当前流为最大流。

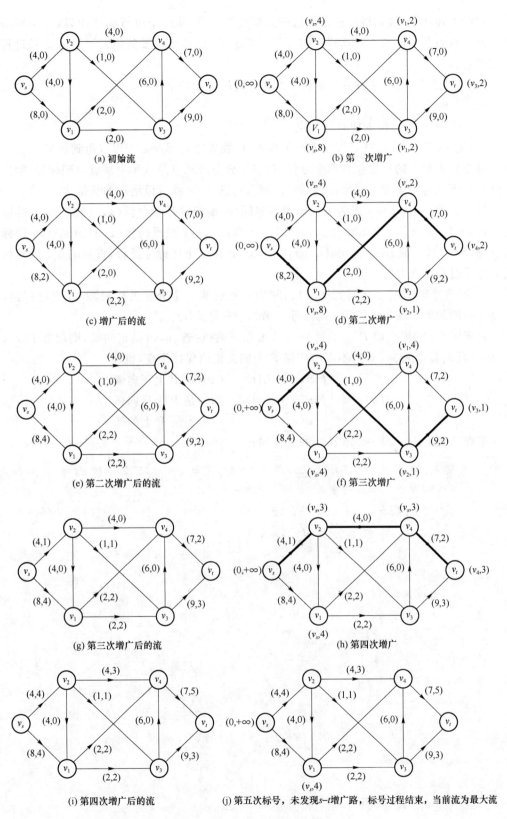

(a) 初始流

(b) 第 次增广

(c) 增广后的流

(d) 第二次增广

(e) 第二次增广后的流

(f) 第三次增广

(g) 第三次增广后的流

(h) 第四次增广

(i) 第四次增广后的流

(j) 第五次标号，未发现 s-t 增广路，标号过程结束，当前流为最大流

图 9.2.8 Ford-Fulkerson 算法

根据上述例子,我们得到标号算法的运算过程如下:从一个可行流 f 出发(如果网络没给出初始可行非零流或不容易得到初始可行非零流,则可以从零流出发),进入标号过程和调整过程。

1. 标号过程:此时网络中的顶点根据标号情况分为如下三类。

(1) 未标号顶点;

(2) 已标号顶点,但未检查其邻点;

(3) 已标号顶点,且对其邻点进行了检查(即检查完其邻点是否可以得到标号)。

每个标号顶点的标号包含两个分量,第一个分量表示它是从哪个顶点得到标号,第二个分量表示可以有多少流从它所得到标号的顶点传送过来,即可以增加的流值。

设已标号点为 u,其邻点为 v 且 v 未得到标号,则若 v 是正向弧 (u,v) 的终点,v 的标号为 $(u,L(v))$,其中 $L(v)=\min\{L(u),c(u,v)-f(u,v)\}$,$v$ 是反向弧 (v,u) 的起点,v 的标号为 $(-u,L(v))$,其中 $L(v)=\min\{L(u),f(u,v)\}$。重复上述标号过程,直到汇点 t 得到标号或者标号过程无法继续。

2. 调整过程:当汇点 t 得到标号后,利用标号的第一个分量进行回溯,找出增广路,沿此增广路增加流。增加流值为 t 的标号的第二个分量 $L(t)$。

对于 s 到 t 的增广路 P 上的弧 $\{u,v\}$,做如下调整:若 $\{u,v\}$ 是正向弧,则增加 $L(t)$,若 $\{u,v\}$ 是反向弧则减少 $L(t)$,不在增广路 P 上的弧流值保持不变,也即

$$f(u,v)=\begin{cases} f(u,v)+L(t), & (uv)\text{是 }P\text{ 上正向弧} \\ f(u,v)-L(t), & (uv)\text{是 }P\text{ 上反向弧} \\ f(u,v), & (uv)\text{不是 }P\text{ 上的弧} \end{cases}$$

下面给出 Ford-Fulkerson 算法的具体描述。

```
        输入:网络 N = (V,E,s,t,c),源点 s = v0,汇点 t = vn,容量函数 c,
        输出:N 的一个最大流 f
            Procedure max_flow(s,t,c,v,n)
                // v 的标号为(p(v),L(v))
                //从零流开始
    1. for 每条弧(u,v)
    2.        f(u,v) = 0
    3.     While(True){
                //删去所有标号
    4. For i = 0 到 n
    5. P(vi) = null
    6.    L(vi) = null
    7. }
          //对 s 标号
    8. p(s) = − −
    9. L(s) = ∞
       //U 是未被检查的已标号的顶点集
```

10. U = {s}

　　//一直继续,直到 t 被标号

11. While(L(t) == null){

12. 　　If(U == Φ)//流是最大的

13. return f

14. 从 U 中选取 v

15. U = U − {v}

16. △ = L(v)

17. for 每条满足 L(w) == null 的弧(v,w)

18. If f(v,w)<c(v,w)

19. P(w) = v

20. L(w) = min{△,c(v,w) − f(v,w)}

21. U = U∪{w}

22. }

23. For 每条满足 L(w) == null 的弧(w,v)

24. If f(w,v)>0{

25. P(w) = v

26. Lw) = min{△,f(w,v)}

27. U = U∪{w}

28. }

29. }//end while(Lt) == null)loop

　　//找一条用来修正它上面流量的从 s 到 t 的增广路 P

30. w0 = t

31. k = 0

32. While(wk ≠ s){

33. w_{k+1} = p(w_k)

34. k = k + 1

35. }

36. P = (w_{k+1}, w_k, ⋯, w_1, w_0)

37. △ = L(t)

38. For i = 1 to k + 1{

39. e = (w_i, w_{i-1})

40. If(e 是 P 中的正向边)

41. 　f(e) = f(e) + △

42. else

43. 　f(e) = f(e) − △

44. }

45. }//结束 while 循环

　　}

例 9.2.6 求图 9.2.9 所示网络中 s 到 t 的最大流。起始流为 0 流。

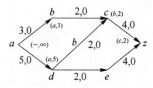

图 9.2.9 例 9.2.6 的图示

解 对网络中的点进行标号,起点 a 的标号为 $(-,\infty)$,再对 a 的邻居 b,d 标号,分别为 $(a,3),(a,5)$,下一步对 b 的邻居 c 标号,为 $(b,2)$,对 c 的邻居 z 进行标号,得标号为 $(c,2)$,因 z 是汇节点,故得增广路 $abcz$,增广的流值为 2,如图 9.2.10 所示。

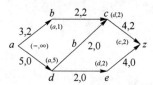

图 9.2.10 例 9.2.6 的求解迭代 1

继续标号,得增广路 $adbcz$,沿此路增加流值 2,得图 9.2.11。

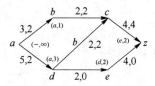

图 9.2.11 例 9.2.6 的求解迭代 2

继续标号,得增广路 $adez$,沿此路增加流值 2,得图 9.2.12。

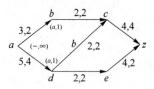

图 9.2.12 例 9.2.6 的求解迭代 3

继续标号,无增广路,当前流为最大流,流值为 6。

例 9.2.7 如图 9.2.13 所示的网络已给出流值为 4 的可行流,试在此基础上求出最大流。

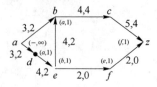

图 9.2.13 例 9.2.7 的图示

解 对当前流网络进行标号,标号如图 9.2.13 所示,得到增广路 $abefz$,可增加流值为 1,沿此路增加流后的网络如图 9.2.14 所示。

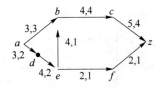

图 9.2.14 例 9.2.7 的求解迭代一

对此流继续进行标号,各点的标号为 $a(-,\infty),d(a,1),e(d,1),b(e,1),c(-,0),f(e,1),$ $z(f,1)$。得增广路 $adefz$,沿此路可增加的流值为 1,增加流后的网络如图 9.2.15 所示。

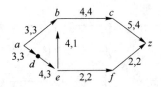

图 9.2.15 例 9.2.7 的求解迭代二

图 9.2.15 已经没有增广路,得最大流,最大流流值为 6。

习　　题

1.求下述增广路上能增加的最大流。

(1)

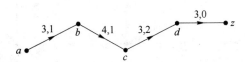

(2)

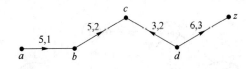

(3)

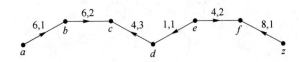

2. 求例 9.1.2 的最大流。

3. 求下述网络中由 a 到 z 的最大流。

(1)

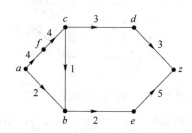

(2)

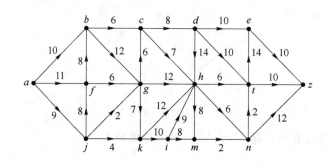

(3)

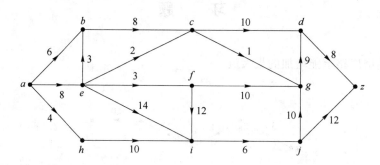

4. 求下述网络中由 s 到 t 的最大流。

(1)

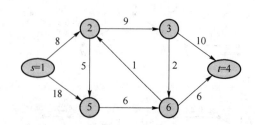

(2)

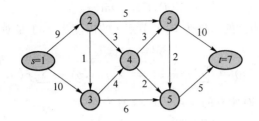

(3)

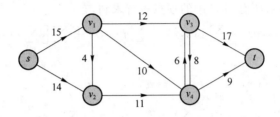

9.3 最大流最小割定理

9.2 节我们给出了求解最大流的 Ford-Fulkerson 算法,下面我们将通过它的对偶最小割来说明算法的正确性。为此,先给出割的定义。

定义 9.3.1 网络 $N=(V,E,s,t,c)$ 的一个割就是 N 的顶点集 V 的一个划分 $(P,\overline{P})$,使得 $s\in P, t\in\overline{P}$,其容量 $C(P,\overline{P})$ 定义为所有由 P 到 $\overline{P}$ 的弧的容量之和,即

$$C(P,\overline{P}) = \sum_{e=(u,v)\in E, u\in P, v\in\overline{P}} c(u,v)$$

设 N 是一个流网络,f 是算法终止时的网络流。令 P 是算法终止时被标号的顶点的集合,则 $s\in P, t\in\overline{P}$,其中 $\overline{P}=$ 未被标号的顶点的集合,$(P,\overline{P})$ 是一个割,且其容量等于 f 的流值。

例如,在例 9.2.7 的最后网络流图上,$P=\{a,b,d\}$,

$$C(P,\overline{P}) = c(bc)+c(ef) = 4+2 = 6$$

即:最大流的流值等于割 $(P,\overline{P})$ 的容量(如图 9.3.1 所示)。

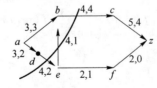

$P=\{a,b,d\}$, $P'=\{c,e,f,z\}$

图 9.3.1 最大流的流值等于割 $(P,\overline{P})$ 的容量

事实上,我们有如下定理。

定理 9.3.2(弱对偶性) 给定网络 $N=(V,E,s,t,c)$ 的一个割 $(P,\overline{P})$ 及 N 上的任意一

个可行流 f,则

$$C(P,\overline{P}) \geqslant \mathrm{val}(f)$$

证明　不妨设源节点 s 的入度为 0,汇节点 t 的出度为 0,于是对任意的顶点 w 有

$$f(w,s)=0$$

$$\mathrm{val}(f) = \sum_{v\in V} f(s,v) = \sum_{v\in V} f(s,v) - \sum_{v\in V} f(v,s)$$

根据流的守恒性质,对所有的 $x\in P, x\neq s$ 有

$$\sum_{v\in V} f(x,v) - \sum_{v\in V} f(v,x) = 0$$

于是,将上述方程对所有的 P 中的顶点进行求和,有

$$\mathrm{val}(f) = \sum_{v\in V} f(s,v) = \sum_{v\in V} f(s,v) - \sum_{v\in V} f(v,s) + \sum_{\substack{x\in P \\ x\neq s}} \left[\sum_{v\in V} f(x,v) - \sum_{v\in V} f(v,x) \right]$$

$$= \sum_{x\in P, v\in V} f(x,v) - \sum_{x\in P, w\in V} f(w,x)$$

$$= \left[\sum_{x\in P, v\in P} f(x,v) + \sum_{x\in P, v\in \overline{P}} f(x,v) \right] - \left[\sum_{x\in P, w\in P} f(w,x) + \sum_{x\in P, w\in \overline{P}} f(w,x) \right]$$

注意到

$$\sum_{x\in P, v\in P} f(x,v) = \sum_{x\in P, w\in P} f(w,x)$$

于是

$$\mathrm{val}(f) = \sum_{x\in P, v\in \overline{P}} f(x,v) - \sum_{x\in P, w\in \overline{P}} f(w,x)$$

又因对所有的 $x,w\in V, f(w,x)\geqslant 0$,故有

$$\sum_{x\in P, w\in \overline{P}} f(w,x) \geqslant 0$$

$$\mathrm{val}(f) \leqslant \sum_{x\in P, v\in \overline{P}} f(x,v) \leqslant \sum_{x\in P, w\in \overline{P}} c(x,w) = C(P,\overline{P})$$

定理得证。

推论 9.3.3　给定网络 $N=(V,E,s,t,c)$ 的一个最小割 $(P,\overline{P})$ 及 N 上的一个最大流 f,则有

$$C(P,\overline{P}) = \mathrm{val}(f)$$

推论 9.3.4　给定网络 $N=(V,E,s,t,c)$ 的任意一个可行流 f,则从源节点 s 流出的流值等于流入汇节点 t 的流值。

证明　令 $P=\{s\}, Q=V\backslash\{t\}$,则有割 $(P,\overline{P})$ 和 $(Q,\overline{Q})$。

由定理 9.3.1,

$$\mathrm{val}(f) = \sum_{x\in P, v\in \overline{P}} f(x,v) - \sum_{x\in P, w\in \overline{P}} f(w,x) = \sum_{v\in \overline{P}} f(s,v)$$

后一等式成立是因为 $P=\{s\}$。

同理

$$\mathrm{val}(f) = \sum_{x\in Q, v\in \overline{Q}} f(x,v) - \sum_{x\in Q, w\in \overline{Q}} f(w,x) = \sum_{x\in Q} f(x,t)$$

后一等式成立是因 $\overline{Q}=\{t\}$。

于是

$$\mathrm{val}(f) = \sum_{v\in \overline{P}} f(s,v) = \sum_{x\in Q} f(x,t)$$

命题得证。

推论 9.3.5 给定网络 $N=(V,E,s,t,c)$ 的一个割 $(P,\overline{P})$ 及 N 上的任意一个可行流 f,若

$$C(P,\overline{P})=\mathrm{val}(f)$$

则 f 是 N 上的最大流,割 $(P,\overline{P})$ 是 N 上的最小割。

定理 9.3.6(最大流最小割定理) 给定网络 $N=(V,E,s,t,c)$ 的一个割 $(P,\overline{P})$ 及 N 上的一个可行流 f,若 $C(P,\overline{P})=\mathrm{val}(f)$,则 $(P,\overline{P})$ 是最小割,f 是最大流。进一步 $C(P,\overline{P})=\mathrm{val}(f)$ 成立当且仅当有如下式子成立:

(1) $f(u,v)=c(u,v),\forall e=(u,v)\in E\quad u\in P,v\in\overline{P}$

(2) $f(u,v)=0,\ \forall e=(u,v)\in E\quad v\in P,u\in\overline{P}$

此时,f 是最大流,$S=(P,\overline{P})$ 是最小割,如图 9.3.2 所示。

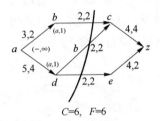

图 9.3.2　最大流与最小割

定理 9.3.7 Ford-Fulkerson 算法结束时将得到一个最大流,若令 P 和 P' 是算法结束时被标号和未被标号的顶点的集合,则 (P,P') 是最小割。

证明 略。

习　　题

1. 求出 9.2 节中各题的最小割。
2. 求出下列网络中的所有割。

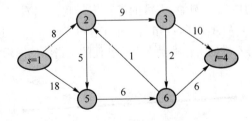

9.4　匹　　配

1935 年数学家 Hall 在回答下面的著名的婚姻问题时给出了著名的 Hall(婚配)定理。

一个镇子里有若干个小伙子,每个小伙子认识若干个姑娘。问在怎样的条件下,可使每个小伙子和他认识的一个姑娘结婚? 例如,有 4 个小伙子 $\{b_1, b_2, b_3, b_4\}$ 和 5 个姑娘 $\{g_1, g_2, \cdots, g_5\}$,他们之间的熟识关系如表 9.4.1 所示。

表 9.4.1 婚配问题男女熟识关系表

小伙子	小伙子认识的姑娘
b_1	g_1, g_4, g_5
b_2	g_1
b_3	g_1, g_2, g_4
b_4	g_2, g_3, g_4

显然,让 b_1 和 g_5,b_2 和 g_1,b_3 和 g_2,b_4 和 g_4 结婚即为一个满足要求的解。

一般地,我们可以用二部图来表示这个问题,在该图中,顶点集被分成不相交的两部分 V_1 和 V_2,分别表示小伙子和姑娘,并且每条边把一个小伙子和他所认识的姑娘连接,图 9.4.1 即上述例子的一个表示。

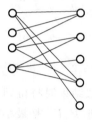

图 9.4.1 匹配的例图

上述问题可用图论术语表述如下:给定一个二部图 $G = (V_1 \bigcup V_2, E)$,问在什么情况下存在一个完全匹配?

给定图 G,定义 G 的匹配 M 为 E 的一个子集,使得 M 中任何两条边都没有公共顶点。G 的一个最大匹配是指有最多可能的边的匹配,换言之,使得 $|M|$ 最大的匹配。

二部图 $G = (V_1 \bigcup V_2, E)$ 的一个匹配 M 称为是**完全匹配**,若 V_1(或 V_2)的每个顶点都在 M 中出现。显然二部图的完全匹配是一个最大匹配。

匹配问题具有广泛的应用。例如,人员的工作安排也可以看成是一个匹配问题。

例 9.4.1 假设有 4 个人 A, B, C, D 申请 5 个工作 $J_k, 1 \leqslant k \leqslant 5$。边表示能胜任的工作。试给每人安排一个工作,使得安排的工作都是本人能胜任的。指派的图示如图 9.4.2 所示。

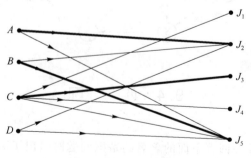

图 9.4.2 指派的图示

图 9.4.3 中黑色的边构成一个匹配, 但不是所有人都安排了工作。

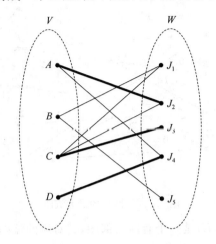

匹配 $E=\{(A, J_2), (C, J_3), (D, J_4)\}$

图 9.4.3　匹配的例子

图 9.4.4 是一个满足要求的安排, 它是一个完全匹配。

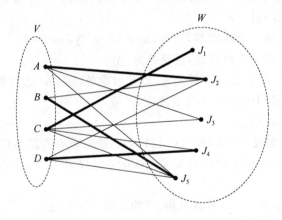

图 9.4.4　完全匹配

显然, 二部图 $G=(V_1 \bigcup V_2, E)$ 的一个完全匹配一定是最大匹配, 反之 $G=(V_1 \bigcup V_2, E)$ 的一个基数为 $\min\{|V_1|, |V_2|\}$ 的匹配一定是完全匹配。故如果能求出 $G=(V_1 \bigcup V_2, E)$ 上的最大匹配, 则是否存在完全匹配也就迎刃而解了。

下面我们考虑将其转化为最大流问题来进行求解。首先我们构造一个匹配网络如下: 增加超级源 a, 超级汇 z, a 与 V_1 中每个顶点连一条弧, V_2 中每个顶点与 z 连接, 每条弧均赋予容量 1, 如图 9.4.5 所示。

于是我们有如下定理。

定理 9.4.2　设 $G=(V_1 \bigcup V_2, E)$ 是一个有向二部图, 则

(1) 匹配网络的可行整数流 f 给出 G 的一个匹配, $v \in V_1$ 和 $w \in V_2$ 匹配, 当且仅当 (v, w) 的流量为 1。

(2) 匹配网络的一个最大流对应于 G 的一个最大匹配。

(3) 匹配网络的一个流值为 $\min\{|V_1|, |V_2|\}$ 的流对应于 G 的一个完全匹配。

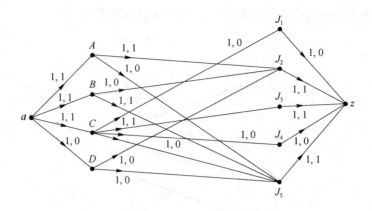

图 9.4.5 匹配的最大流图

证明 设 $G=(V_1 \bigcup V_2, E)$ 是一个有向二部图,其对应的流网络记为

$$N=(V_1 \bigcup V_2 \bigcup \{s,t\}, E \bigcup \{(s,v) \mid v \in V_1\} \bigcup \{(w,t) \mid w \in V_2\}, c_{uv}=1)$$

(1) 设 f 是 N 上的一个可行整数流,即每条边上的流量是整数,于是令 $M=\{(v,w) \in E \mid f(v,w)=1\}$,则 M 是一个匹配,因 $v \in V_1$,其入弧的容量为 1,故有且只有一条出弧的流量为 1,即 M 中任何弧在 V_1 中无公共顶点,同理,M 中任何弧在 V_2 中无公共顶点,从而是一个匹配。其基数等于流值 $\mathrm{val}(f)$。

反之,任意给定 G 的一个匹配 M,若 $(v,w) \in M$,令 $f(v,w)=1, f(s,v)=1, f(w,t)=1$,否则 $f(v,w)=0$,则 f 是一个可行流,且流值为 $|M|$。

(2) 由(1)之证明,若 f 是一个最大流,则其对应的匹配 M 必为最大匹配,否则最大匹配的基数大于 f 的流值,由(1),f 不是最大流,矛盾。

(3) 由前述证明,显然成立。

定理 9.4.3(Hall 定理) 设 $G=(V_1 \bigcup V_2, E)$ 是一个有向二部图,$S \subseteq V_1$,记 $R(S)=\{w \in V_2 \mid v \in V_1, (v,w) \in E\}$,则 G 存在完全匹配当且仅当 $|S| \leqslant |R(S)|$ 对所有的 $S \subseteq V_1$ 均成立。

证明 必要性由定理 9.4.2 直接可得,下面证明其充分性。

设 $|V_1|=n \leqslant |V_2|$,$|S| \leqslant |R(S)|$ 对所有的 $S \subseteq V_1$ 均成立。设 $(P, \overline{P})$ 是匹配网络的一个最小割。若能证明此割的容量是 n,则最大流是 n,由定理 9.4.1,结论成立。如若不然,设最小割的容量小于 n。由匹配网络的构造值,此最小割的容量等于边集合 $\{(x,y) \mid x \in P, y \in \overline{P}\}=T$ 的基数。T 中的边可以分成如下三类:

$1°$ $(s,v), v \in V_1$;

$2°$ $(v,w), v \in V_1, w \in V_2$;

$3°$ $(w,t), w \in V_2$。

匹配与割如图 9.4.6 所示。

下面我们来估计每种类型的边的数量。

令

$$S=V_1 \bigcap P, \quad R(S)=W_1 \bigcup W_2, \quad W_1=R(S) \bigcap P, \quad W_2=R(S) \bigcap \overline{P}$$

若 $V_1 \subset \overline{P}$,则割的容量为 n,结论成立。故 $S=V \bigcap P$ 非空。

于是 T 中有 $n-|S|$ 条第 1 种类型的边,有至少 $|W_1|$ 条第三种类型的边。从而 T 中第

二种类型的边的条数少于 $n-(n-|S|)-|W_1|=|S|-|W_1|$。

而 W_2 中每个点至多包含一条第二种类型的边, 故
$$|W_2|<|S|-|W_1|$$
于是
$$|R(S)|=|W_1|+|W_2|<|S|$$
与定理所给条件矛盾, 故存在完全匹配。

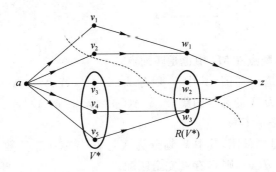

图 9.4.6   匹配与割

例 9.4.4   图 9.4.7 所示的二部图中存在 S, 使得 $|R(S)|<|S|$, 从而不存在完全匹配。

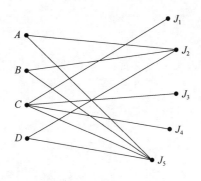

图 9.4.7   匹配的最大流图

这里 $S=\{A,B,D\}$, $R(S)=\{J_2,J_5\}$, 因 $|S|=3>2=|R(S)|$, 故不存在完全匹配。

习   题

1. 甲、乙、丙、丁四位研究生拟申请四门课的助教, 各位学生可做助教的课程情况如下: 甲可做语文、数学的助教, 乙可做数学、英语、物理的助教, 丙可做数学、物理的助教, 丁可做物理、化学的助教, 每人只能做一门课的助教, 如何安排?

(1) 试将上述问题化为匹配网络。

(2) 求该匹配网络的最大匹配。

(3) 该匹配网络存在完全匹配吗?

2. 求出下列各匹配网络中的最大匹配。

3. 设 M 是二部图 G 的一个匹配, 证明: 一定存在一个最大匹配 M^* 使得 M 中的所有点

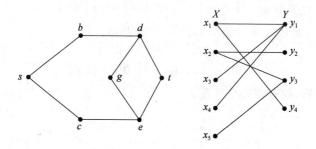

也在 M^* 中,即 M 的匹配点在 M^* 中也是匹配点。

4. 设 $G=(V,E)$ 是二部图,其中 V 划分为 $X \cup Y$,若 A 是 X 的子集,定义 $\delta(A) = |A| - |R(A)|$,$R(A)$ 为 A 的邻居的集合,令 $\delta(G) = \max\{\,\delta(A) \mid A \subseteq X\,\}$,证明 G 中最大匹配 M 中的边数为 $|Y| - \delta(G)$。

5. 设 $G=(V,E)$ 是二部图,其中 V 划分为 $X \cup Y$,若存在正整数 k,使得对所有的 $x \in X$,$y \in Y$,有 $d(x) \geqslant k \geqslant d(y)$,则 G 存在完全匹配。

参考文献

［1］ 屈婉玲，耿素云，张立昂. 离散数学［M］. 北京：高等教育出版社，2008.

［2］ Bondy J A，Murty U S R. Graph Theory with Applications［M］. New York：Elsevier Science Ltd，1976.

［3］ Brassard G，Bratley P. Fundamentals of Algorithms［M］. Englewood Cliffs：Prentice Hall，1996.

［4］ CopiII M，Cohen C. Introduction to Logic［M］. 12th ed. Englewood Cliffs：Prentice Hall，2005.

［5］ D'AngelpoJ P，West DB. Mathematical Thinking：Problem Solving and Proofs［M］. 2nd ed. Englewood Cliffs：Prentice Hall，2000.

［6］ Liu C L. Introduction to Combinatorial Mathematics［M］. New York：McGraw-Hill，1968.

［7］ Liu C L. Elements of Discrete Mathematics［M］. 2nd ed. New York：McGraw-Hill，1985.

［8］ Johnsonbaugh，R. Discrete Mathematics［M］. 7th ed. Englewood Cliffs：Prentice Hall，2009.

［9］ Solow D. How to Read and Do Proofs［M］. 4th ed. New York：Wiley，2004.

［10］ Stoll R R. Set Theory and Logic［M］. New York：Dover，1979.

［11］ Stein C，Drysdale R，Bogart K. Discrete Mathematics for Computer Scientists［M］. 北京：机械工业出版社，2011.

［12］ Bogart K P. Discrete Mathematics［M］. Boston：Houghton Mifflin，1988.

［13］ West D. Introduction to Graph Theory［M］. 2nd ed. Englewood Cliffs：Prentice Hall，2000.